# 检察官妈妈写给女孩的安全书

穆莉萍 著

北京理工大学出版社
BEIJING INSTITUTE OF TECHNOLOGY PRESS

图书在版编目（CIP）数据

检察官妈妈写给女孩的安全书 . 人身安全 / 穆莉萍著 . -- 北京 : 北京理工大学出版社 , 2024.9

ISBN 978-7-5763-3973-4

Ⅰ . ①检… Ⅱ . ①穆… Ⅲ . ①女性—安全教育—青少年读物 Ⅳ . ① X956-49

中国国家版本馆 CIP 数据核字（2024）第 093122 号

责任编辑：李慧智　　文案编辑：李慧智

责任校对：王雅静　　责任印制：施胜娟

出版发行 / 北京理工大学出版社有限责任公司

社　　址 / 北京市丰台区四合庄路 6 号

邮　　编 / 100070

电　　话 /（010）68944451（大众售后服务热线）

（010）68912824（大众售后服务热线）

网　　址 / http：// www.bitpress.com. cn

版 印 次 / 2024 年 9 月第 1 版第 1 次印刷

印　　刷 / 唐山富达印务有限公司

开　　本 / 710 mm × 1000 mm　1 / 16

印　　张 / 12.5

字　　数 / 150 千字

定　　价 / 39. 80 元

序言

# 愿每一位女孩都安全健康成长

青春期是美好的，安全健康地度过美好的青春期，我相信不仅仅是每个女孩的愿望，也是每个女孩父母的殷切期望。

安全对于成长的重要性我们都知道，但生活中涉及安全的因素或情形却是各种各样、纷繁复杂。当我们身处在这样的环境中时，如何判断现实是否具有危险性？如何能够尽可能有效地避免危险？如何能够尽可能有效地减少危害？如何在面临一些伤害时懂得运用有效的救助方法？

我是一名从事检察工作 20 多年的检察官，国家二级心理咨询师。在长期的检察办案工作中，接触到不少涉及未成年人的刑事案件，也因为检察官以及心理咨询师这两重身份，接触到许多涉及未成年人安全问题的民事、生活案例，了解到一些未成年人之所以会陷入危险，有时候是因为完全没有自我安全意识，有时候是因为安全方面的知识不足，有时候是自己把一些常识丢在脑后，有时候是因为心存侥幸……最终酿成自己不想要的后果。

安全问题在人生的每个阶段都存在，而女孩在成长过程中，除了男孩女孩共同需要掌握的一些安全防范知识之外，更需要了解和掌握一些针对女孩伤害的安全防范知识。

安全问题纷繁复杂，包罗万象，涉及面非常广，在这里我把涉及青春期成长中可能会遇到的安全健康问题重点分了五个类别：人身安全、心理健康、校园安全、社会安全、网络安全。

## 关于人身安全

人身安全涉及的情形比较多，有出门在外防盗防抢防拐卖的情况，也有专门针对女孩的一些人身伤害情形，等等。虽然有些伤害的发生概率可能并不是那么高，一旦发生，对女孩而言，就是百分之百的灾难，比如被拐卖、被传销组织非法拘禁等。还有一些人身伤害可能是我们主动进入危险环境而造成的，需要我们学习了解哪些场合、哪些情形对女孩造成人身伤害的风险特别高，从而提高我们避免风险的能力。我期待女孩看完《人身安全》分册之后能够明白，要保护好自身安全，首先是自己要做到遵纪守法，不做违法犯罪的事情，避免去一些高危场合；其次是在面对人身伤害时具有用法律武器保护自己和挽回损失的意识，并懂得有效求救的方法。

## 关于心理健康

身体健康很重要，心理健康和身体健康同样重要。我们在成长过程中会遇到各种挫折，可能是身体发育上的，可能学习上的，可能是同伴相处、家人相处方面的，也可能会是面临各种伤害、伤痛、离别、失去等等，这些必然会对我们心理健康成长造成影响。当我们懂得了一些心理学方面的正确知识，懂得照顾好自己的内心后,是可以把挫折和伤害事件变成我们成长的机会和源泉的。我期待女孩看完《心理健康》分册之后，可以收获一些心理学方面的正确知识，并在这些知识的指导下成长得更加健康和快乐。

## 关于校园安全

校园本来应该是一方净土，然而近年来仍有不少违法犯罪事件发生在校园，校园欺凌问题也时有发生，除了比较恶劣的肢体暴力欺凌之外，其他校园欺凌方式常常更具有隐蔽性，而这种“隐性伤害”特别是心理伤害是更加严重和深远的。另外，在校园中容易对女孩造成伤害的还有情感纠纷问题，等等。我期待女孩看完《校园安全》分册之后，除了自己不参与违法犯罪行为之外，还能够了解校园欺凌是什么，不当被欺凌者，更不做欺凌者。同时，学会如何预防发生在校园的故意伤害、意外事故伤害等。学会理性面对校园的情感纠纷，不伤害自己，不伤害他人，不被他人伤害。

## 关于社会安全

女孩踏入社会，因为现实的性别原因，在一些场景下，面临的伤害风险会更高，这些伤害除了会造成身体伤害，更严重的是可能会造成持久的心理伤害。不论处在什么样的生活和成长环境中，学会如何预防伤害事件的发生，特别是防范一些我们熟悉的日常场景中的伤害，应该是女孩在成长过程中的必修课。我在总结自己办理过的一些案件时,发现如果追溯到案件发生之前的某个节点，其实很多情形下都是可以避免伤害事件发生的。所以，掌握如何科学有效地预防伤害的知识，在面对伤害时，是能够更好地保护自己的。我期待女孩看完《社会安全》分册后，在针对女孩性别特殊伤害方面可以大幅提升自己的安全意识，并可以在现实社会中实现更加有效的自我保护。

## 关于网络安全

随着科技的发展，网络渗透到生活的方方面面，和我们生活已经密不可分，随之而来的一个社会现实就是网络诈骗以及和网络相关的各种犯罪活动呈逐年上升趋势。也就是说，女孩在成长的过程中，在这方面可能遇到的安全风险也越来越高。但在很多时候，如果我们知道了某些套路、懂得了某些心理，是可以避免这些风险的。我期待女孩看完《网络安全》分册后，在网络常识、信息安全方面可以大幅提升自己的安全意识，在遇到网络交友、网络诈骗、网络色情时可以避免或大幅降低受到伤害的风险。

在这套书中我写了许多案例，这些案例全部是我办理过或接触到的现实生活中真实发生的案例，当然这些案例都做了一些必要的处理，不会涉及侵犯隐私问题。我希望利用自己的专业知识，从这些真实发生过的案例中总结出一些建议，能真正帮助到读过这套书的每一个女孩。

世界卫生组织定义的青春期是 10 ～ 20 岁，这套书虽然是针对青春期女孩的安全问题而写，但女孩的安全绝不只是青春期才应该重视，安全教育在女孩每个人生阶段都不可忽视。感谢我的女儿在成长过程中给予我的关于女孩该如何保护自己的方方面面的反馈，也感谢其他所有给予过帮助的人！

亲爱的女孩，假如你看完书有想分享的案例或疑虑可以给我发邮件沟通（446454606@qq.com）。希望这套书可以为每一个女孩的健康成长播下一颗安全意识的种子，然后让安全意识长成参天大树，呵护女孩们健康成长！

穆莉萍

2023 年 8 月 8 日

# 目录

## 学法懂法守法，保护自身安全

## 预防日常生活中的伤害风险

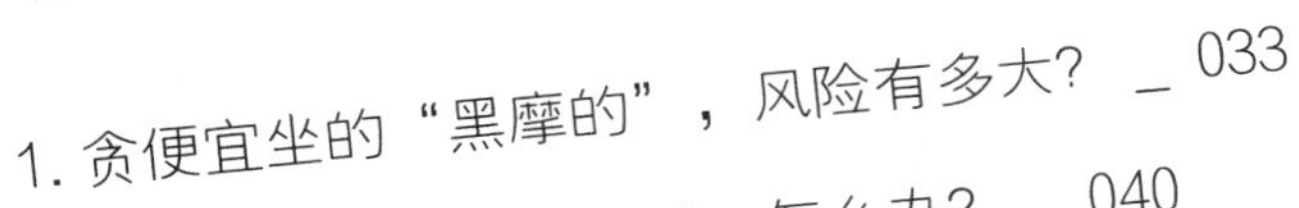

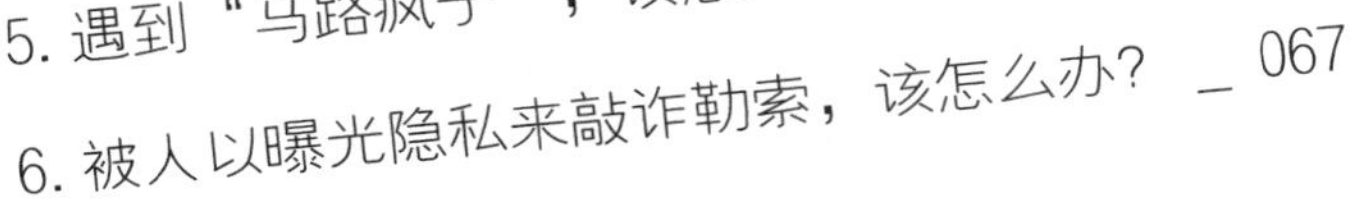

## 第三章 小心这几种伤害女孩的行为



## 第四章 出门在外，防盗防抢防拐卖

## 第五章 面对人身伤害依法维权

案件

# 第一章

# 学法懂法守法，保护自身安全

刑
法

# 打架时，朋友没参与、没动手，为何已构成共同犯罪？

## 女孩的小心思

我听说了这么一件事，觉得很费解。一天晚上，朋友小玥和两个男孩外出吃夜宵，其中一个男孩和其他人发生纠纷，然后两伙人打起了群架。她当时吓得一直站在旁边，并没有参与打架。打架结束后，其中一个男孩让小玥开摩托车载他逃离了现场。

据说当晚打架时，其中一个人受了重伤。那个让小玥开车带他逃离的男孩因为故意伤害罪被抓了，并且牵连到了小玥。

但我不太理解的是，为什么我的朋友小玥没有参与打架，警察也说她的行为已构成了共同犯罪呢？

亲爱的女孩，在因为突发情况发生打架造成其他人伤亡的事件中，根据案件发生时的情况，一些为打架双方提供帮助的人也会构成共同犯罪或者其他犯罪。我在办案实践中，就遇到过这样的案例。

晓枫（化名，女，16 岁）和戴某（化名，男，17 岁）是同学关系。

假日的一天，戴某叫上朋友邓某（化名，男，16 岁）、丁某（化名，男，18 岁），约了晓枫一起看电影，看完电影后又一起去大排档吃夜宵。在吃夜宵的时候，隔壁座坐着另外四个人，其中一个人把酒水洒在了晓枫身上，之后晓枫这边四个人和对方四个人争吵起来。然后双方从吵架发展到相互推搡，继而矛盾升级，双方多人互殴，场面混乱。

在打架过程中，戴某看到王某（化名，男，19 岁）拿着方凳子往同伴邓某、丁某身上砸去，于是戴某拿起桌上的一个啤酒瓶打碎往被害人王某头上打去，王某本能地躲闪，但颈部仍然被划伤。戴某见状喊了一句“快跑”，然后让晓枫开摩托车载自己逃离现场，邓某和丁某两人骑另外一辆摩托车逃离。后来有人报警，经过侦查，相关人员均被抓获并带回公安机关。

剧情需要 请勿模仿
大排档
哎呀！他把酒撒我身上了！
赶快道歉！
你们想动手是不是？
好害怕，我躲远点
好害怕！
快跑！
你俩也快上摩托车！快撤！
嗯
你们被逮捕了！
你们四人共同构成故意伤害罪！

最后，被害人王某因为失血过多而失去生命。而戴某被打伤，左臂骨折，经过鉴定，戴某伤情构成轻伤二级。另外，王某还有两个朋友受轻微伤。

在案件审查过程中，晓枫承认双方矛盾是因自己被对方洒了酒水在身上而发生争吵的，也承认事后是自己开摩托车搭戴某离开现场的。同时她辩解，后来双方打起来的时候，她因为害怕就躲在一边，没有参与动手打架。这点也得到现场两个证人的印证。

最后案件的审理结果是：戴某、邓某、丁某和晓枫共同构成故意伤害罪，其中，认定戴某是主犯，晓枫是从犯。

戴某、邓某、丁某和晓枫均被判处刑罚。

**这里我们重点说说女孩晓枫所处的情形，为什么晓枫没有动手参与打架，最后也被认定为构成故意伤害罪的共犯，被追究刑事责任呢？在突发状况下，作为女孩，该如何保障自己的人身安全呢？**

在突发斗殴的情况下，假如我们凭着感觉来，错误地以为自己帮点小忙不算什么的时候，往往已经把自己置于危险之中。假如我们提前学习了解一些法律知识，就能明白自己的行为可能会导致的法律后果，能提前警惕自己的行为，在关键时候做出正确选择。学习法律知识，是可以保护自己人身安全的。

我们必须知道，双方人员从发生争吵到发展为打架，最后导致伤亡的后果，这样的行为触犯了以下规定。

附

## 相关法律条文规定

★★★

《中华人民共和国刑法》第二百三十四条的规定：“故意伤害他人身体的，处三年以下有期徒刑、拘役或者管制。犯前款罪，致人重伤的，处三年以上十年以下有期徒刑；致人死亡或者以特别残忍手段致人重伤造成严重残疾的，处十年以上有期徒刑、无期徒刑或者死刑。本法另有规定的，依照规定。”

日常生活中常常会发生这样类似双方从吵架到打架的事件，双方互殴，双方都有针对另外一方进行身体伤害的故意，最后是否追究刑事责任，需就造成他人身体伤害的程度而定。受伤程度会有法医鉴定，根据具体伤情不同，会给出“轻伤、重伤、死亡”等不同的鉴定意见。

## 相关法律条文规定

《中华人民共和国刑法》第二十五条规定：“共同犯罪是指二人以上共同故意犯罪。”

法律规定是非常精简的一句话，但具体分析什么样的情况构成共同犯罪却是非常复杂的。

案例中，戴某、邓某、丁某因为口角纠纷和被害人王某等四人争吵继而发生互殴，三个人都动手参与了打架斗殴，最后结果是被害人王某被划伤大动脉失血休克死亡。戴某、邓某、丁某作为一方是共同犯罪，很容易理解，且具有很明显的共同故意，对造成的后果共同负责任。

晓枫辩解自己只是参与吵架，全程一直在旁边没有动手打架，为什么也认定是共犯，要一起负刑事责任呢?

晓枫有两个特别重要的行为：第一，事件的起因是晓枫被酒水洒身上而和对方争吵；第二，晓枫在伤害后果发生后，开摩托车载戴某逃离了现场。这两个行为体现出晓枫与事件有关，并帮助了主犯戴某，在事件中和戴某等人行为保持一致的意向。

在生活中，女孩往往会遇到案例中晓枫所处的突发状况，我相信女孩一般都不希望发生打架互殴的情况，因为不论哪边受伤都不是好事。那我们该如何选择才是正确的呢?

首先，女孩假如身处在类似突发现场，不希望发生打架斗殴事件时，要在现场明确表达出来。可以大声喊“不要打架”，也可以拉住自己的朋友不让其打架，或者一边喊“不要打架”，一边报警，也可以叫旁边的人帮忙报警。

这样做，一是可以阻止事态发展严重化，二是表明了自己对打架的反对态度，也就是说，即使万一发生了比较严重的后果（例如案例中有人受伤死亡的后果），女孩也有证据证明自己没有和打架的任何一方达成共同伤害对方的故意，把自己排除在伤害事件之外。

其次，发生了突发斗殴事件后，为防止被误伤或遭到来自一方的报复，必须要有意识地远离打架核心现场，但不要逃跑，可以帮助打电话报警、打电话叫救护车等，以积极的态度善后。女孩需要学习了解一些法律规定，在突发情况下选择最有利的行为才能保护到自己。

# 帮朋友藏了一点东西，怎么也会犯罪？

## 女孩的小心思

我的好朋友前段时间突然被公安机关的人带走了，听说她在家帮朋友收藏了一点东西，据说是赃物。警察说她帮忙收藏赃物也构成了犯罪！

是那个人把赃物拿去放在好朋友家里的，我朋友又没做什么，怎么也会构成犯罪？

我们在和朋友相处的过程中，有时会受到朋友请托帮忙，我们可能会认为这只是举手之劳，帮一下忙没有什么。但在日常生活中，我们要注意分辨在哪些情况下是不能随意帮忙的，以免给自己带来牢狱之灾。我的同人曾经办理过这样一个案件。

有一次，犯罪嫌疑人林某某（化名，男，20 岁）和朋友叶某某、曾某去一个别墅区入室盗窃财物，盗窃了几千元现金、一些金首饰、一个 LV 包等财物。

三人觉得男生拿着女生用的名牌包去销赃很容易就让人怀疑，林某某于是提出来让他朋友晓聪（化名，女，17 岁）过来帮忙。

第二天，林某某让晓聪帮忙拿着这个名牌包，里面装着偷来的金首饰，去一家二手店卖掉。当晚，林某某还请晓聪一起吃饭、唱歌。后来晓聪自己也供述了她当时是有所怀疑的，也曾问过林某某："这些都是哪儿来的？会不会出事啊？"但林某某说："反正不关你的事，你不用理。"晓聪虽然怀疑过这个包包可能来路不明，但朋友只是让她帮一个很简单的忙，所以就答应了。

破案后，被盗 LV 包估价 3 万元，被盗首饰估价 8000 元。

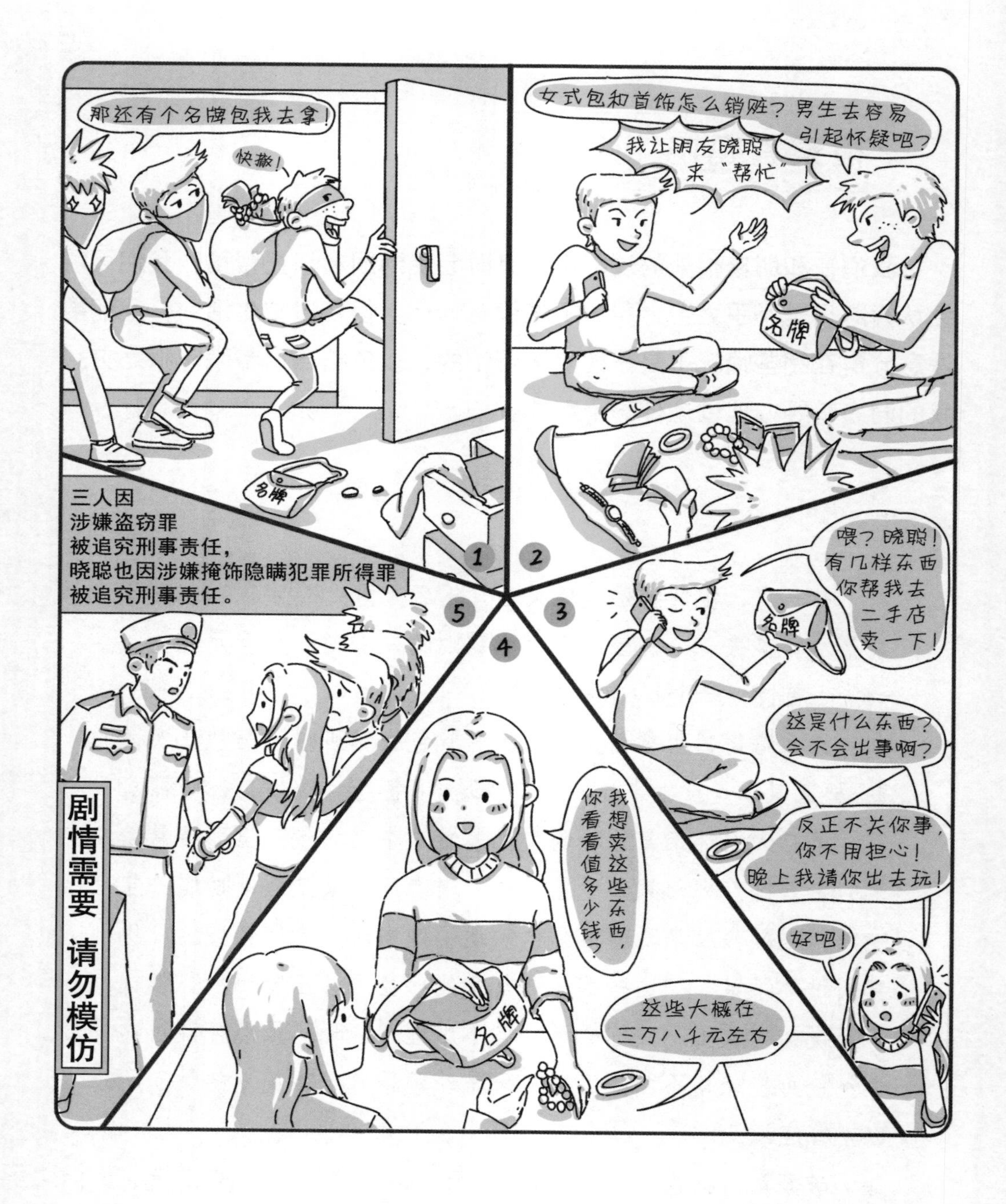
那还有个名牌包我去拿！
快撤！
名牌
女式包和首饰怎么销赃？男生去容易引起怀疑吧？
我让朋友晓聪来“帮忙”！
名牌
喂？晓聪！有几样东西你帮我去二手店卖一下！
名牌
这是什么东西？会不会出事啊？
反正不关你事，你不用担心！晚上我请你出去玩！
好吧！
我想卖这些东西，你看看值多少钱？
名牌
这些大概在三万八千元左右。
三人因涉嫌盗窃罪被追究刑事责任，晓聪也因涉嫌掩饰隐瞒犯罪所得罪被追究刑事责任。
剧情需要 请勿模仿

林某某、叶某某、曾某因涉嫌盗窃罪被追究刑事责任。

而晓聪虽然自己没有分得赃款，但因涉嫌帮助转移赃物，也构成了掩饰、隐瞒犯罪所得罪，被追究刑事责任。

从这个案例中，我们该汲取什么样的教训呢？遇到来历不明的帮忙请求，我们又该怎么做才是正确的呢？

在日常生活中，一些事情看起来好像很平常，自己也没有直接去偷、去抢等，为什么也会构成犯罪呢？这就需要我们对一些特殊的情形有所了解，才能在遇到这种情况时懂得拒绝。

## 相关法律条文规定

★ ★ ★

《中华人民共和国刑法》第三百一十二条第一款规定："明知是犯罪所得及产生的收益而予以窝藏、转移、收购、代为销售或者以其他方法掩饰、隐瞒的，处三年以下有期徒刑、拘役或者管制，并处或单处罚金；情节严重的，处三年以上七年以下有期徒刑，并处罚金。"

晓聪的行为就是触犯了上述这条规定，法律规定的"明知"是指知道或者应当知道。

晓聪碍于朋友情面，帮忙拿着这个LV包去二手店卖，她自己也供述当时是有所怀疑的，但没想到做这么点事情会有这么严重的后果，早知道她也不会这么做。究其根源，就是因为她对自己行为的性质认识不足以及不懂法所造成的。

**第一，加强法律知识的学习，能帮助我们辨别这类行为的性质及其严重性。**

女孩除了要做到不参与偷盗、抢劫等一看就知道的这类违法犯罪活动之外，当我们凭常识可以猜到对方可能是在做一些违法犯罪的事情时，对方如果向我们请求帮助，也一定要提高警惕表示拒绝。

**第二，对于“朋友情面”要有清醒的认识。**一方面，既然朋友之前所做的可能是违法犯罪的事情，那就表明这样的朋友也不可交，所以“碍于朋友情面”这样的考虑，我们需要纠正。

另一方面，从自身安全角度考虑，一个看起来很平常的行为也可能构成犯罪，那我们为了这一点情面而冒险，是非常不值得的。所以，当我们凭常识就能预感到对方可能是做见不得光的事情，一定要向对方问清楚这个“忙”的具体情况。当知道对方是做违法犯罪的事情时，对于任何一点小小请求，我们都要拒绝。

**第三，既然我们知道朋友做违法犯罪的事情，就要对他做出规劝。即使对方不一定接受，但我们也要尽到我们作为朋友的道义责任。**假如对方接受，当然对大家都好；假如对方不接受，那我们就要考虑，不能和这样的人做朋友了。所谓“近朱者赤，近墨者黑”，朋友之间肯定会是互相影响的。从保护自己的角度出发，我们一定不能和这样的人做朋友。

# 青春损失费，为什么不能拿？

## 女孩的小心思

前两天听说表姐的男朋友阿强和表姐提出分手了，表姐在家很伤心，不愿出门。表哥说不能便宜了阿强，于是就找了几个人把阿强约出来，让阿强赔偿表姐的“青春损失费”。阿强一开始不肯赔，就这样僵持着，表哥把阿强在酒店扣留了两天时间，直到阿强答应赔钱才放他走。不过阿强一出去就报警了，之后公安机关反倒把表哥给抓了。

有个朋友被分手时，找男朋友要过 8000 元分手费，也没出什么事，但怎么表姐这边就出事了呢？

这到底是怎么回事？要分手费犯法了吗？那我朋友也要过分手费，怎么没事？

在我们日常生活中，谈恋爱后因为各种原因分手的很常见，有和平分手的，也有闹得不愉快分手的，还有分手时一方补偿金钱、礼物的，等等。

女孩遇到被分手的情况，需要理性处理和面对。女孩被分手，或多或少都会有受伤害的心理，假如女孩的恋爱成本付出较多时，更会有被辜负的感觉，从而认为对方应该对分手做出补偿。但不论什么状况，我们都必须要明白一些法律底线。

我曾经办理过一个因为要求男方给“青春损失费”而导致女孩自家亲人涉嫌犯罪的案件。

小彤（化名，女，20岁）认识项某某之后，陷入恋爱之中无法自拔，直到很久之后才发现项某某早已结婚，有了家室。之后项某某欺骗小彤说准备离婚，但一直以各种理由拖着不离。一直到过年的时候，小彤无意中碰到项某某一家四口在游乐园玩耍才痛下决心和项某某分手。但分手后小彤心情非常糟糕，家里哥哥关某辉（化名，男，25岁）再三询问妹妹发生了什么事情，小彤于是把被项某某欺骗的情况告诉了哥哥。

关某辉非常生气，把项某某大骂一通，认为项某某是人渣，必须要付出点代价。

关某辉向妹妹小彤了解了项某某的相关信息资料，对妹妹小彤说，必须要让项某某给10万元分手费，小彤不置可否。

之前骗我你单身！现在骗我说和你老婆离婚后娶我！
我要跟你分手！
这个人渣！我要让他付出代价！必须让他给十万分手费！
呜呜呜~
别打啦！我老婆有钱！
那给你老婆打电话！让她拿十万赎你！
XX酒店
把十万赎金放在XX地点。
我现在打！
你别伤害他！我答应你！
得先假意答应，稳住他，必须要报警！
你被逮捕了！
赎金
都怪我害了我哥哥！
我好后悔！
剧情需要 请勿模仿
1
2
3
4
5
6

于是关某辉找了自己的几个朋友，对朋友们说有个人欠了他10万元一直拖着不还，让朋友们帮忙去找项某某要钱。

于是关某辉租了两辆车，带朋友们在一天晚上找到项某某，直接把项某某带到一家酒店，并将其关在酒店房间里。关某辉让朋友在房间外看守，自己和项某某交涉，要求项某某给10万元了结这件事。

没想到项某某自己穷得叮当响，说家里看起来有钱，其实都是靠岳母家支持的，他完全没有什么经济来源。项某某的这个说法把关某辉气得要命，于是决定为妹妹出口气，便在房间对项某某一顿殴打。项某某在被关了两天后，说可以让家里人筹钱。

于是关某辉让项某某打通家里的电话，让老婆筹集10万元来赎回自己。

项某某老婆假意答应了要求，然后马上报警。关某辉到约定地点去取钱的时候，被公安机关当场抓获，并在酒店抓获了帮助看守项某某的关某辉的一个朋友。

事后，关某辉陈述全部是他一个人的主意。

当时我去审讯关某辉的时候，他还在大骂项某某是奸诈小人，我不得不给他做法律科普：即使对方是奸诈小人，他也不能触犯法律——以违法的方式限制他人人身自由、要求他人赔偿。

小彤在作为证人陈述证言的时候，非常后悔，她觉得是自己害了哥哥，但为时已晚。

**那所谓“青春损失费”可以要吗？**

男女双方因为谈恋爱而产生的金钱财物关系，一般情况下属于民事法律关系，比如你的朋友和男朋友分手后提出要几千元分手费，男方或许觉得自己理亏也就同意了。这个金钱财物的要和给属于民事法律关系中的赠予，核心是以自愿为原则。也就是说女方只要不强迫对方，提出分手费的要求是可以的，而男方自愿给也是允许的。但是，假如女方提出分手费，男方不愿意给，女方继续采取“其他措施”强迫男方给分手费，这时女方就可能会违法了。

至于是哪一种违法，就要看“其他措施”是什么方式和手段及其严重程度了。对现实生活中常见的情形和实践案例进行总结后发现，有以下几种常见情形可能会涉及违法犯罪。

情况一：以限制人身自由的方式直接向对方要分手费，根据严重程度，可能会触犯《中华人民共和国刑法》第二百三十八条之规定，涉嫌非法拘禁罪。

## 相关法律条文规定

★ ★ ★

《中华人民共和国刑法》第二百三十八条第一款：“非法拘禁他人或者以其他方法非法剥夺他人人身自由的，处三年以下有期徒刑、拘役、管制或者剥夺政治权利。具有殴打、侮辱情节的，从重处罚。”

亲爱的女孩，正如你所疑惑的表哥被抓的情况，就是因为你表哥把被害人阿强关在酒店达到两天（48小时），所以公安机关才抓你表哥。根据有关司法解释，一般非法限制他人人身自由达24小时就涉嫌构成非法拘禁罪。当然，假如有其他殴打、虐待等行为，即使没有达到24小时也可能构成非法拘禁罪。

情况二：以威胁曝光对方隐私或者威胁以伤害对方某种利益的方式，来强迫对方给“分手费”。根据严重程度（数额较大的），可能会触犯《中华人民共和国刑法》第二百七十四条之规定（详情见072），涉嫌敲诈勒索罪。数额较大的具体规定是各省、自治区、直辖市根据最高人民法院、最高人民检察院的司法解释要求按照相关程序确定的，一般2000元至5000元就属于“数额较大”，也就达到了构成敲诈勒索罪的立案标准了。

情况三：在要求对方给“分手费”的过程中，因为气愤而殴打对方，造成对方受伤达到刑法立案标准（伤情鉴定轻伤以上）。这种行为可能会触犯《中华人民共和国刑法》第二百三十四条之规定（详情见007），会涉嫌故意伤害罪。

情况四：就是在限制对方人身自由的基础上，事件升级，演变成绑架事件，要求家属付钱赎人，最后行为的性质就有可能触犯了《中华人民共和国刑法》第二百三十九条之规定，涉嫌绑架罪，这个罪名刑

附

## 相关法律条文规定

★ ★ ★

《中华人民共和国刑法》第二百三十九条第一款："以勒索财物为目的绑架他人的，或者绑架他人作为人质的，处十年以上有期徒刑或者无期徒刑，并处罚金或者没收财产；情节较轻的，处五年以上十年以下有期徒刑，并处罚金。"

罚也特别严重。

所以，除了告诫女孩们在谈恋爱时不要过度投入，避免在遇到被分手时导致成本沉没心理。而且，如果女孩在恋爱中遇到"渣男"，要懂得及时止损，绝对不能因为觉得自己亏了而使用非法手段要求对方弥补损失，最后让自己人财两空，悔不当初。

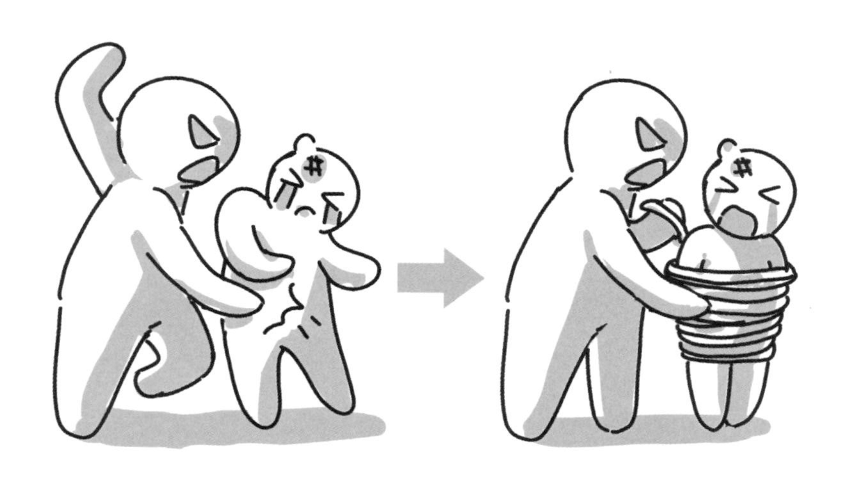

# 帮忙拿一下工具也构成共同犯罪，这是为什么？

## 女孩的小心思

听家里的亲戚讲了一件事情，觉得很震惊。

17 岁的表姐和朋友驾车外出，遇到一点事，她的朋友和别人突发矛盾，双方打了起来。当时表姐没有下车，只不过她的朋友打架过程中回到小车旁边，让坐在车里的表姐帮忙递出来一根棍子。后来表姐的朋友用这根棍子把对方打成重伤住院了。

后来公安机关破案抓了参与打架的人，然后表姐也被抓了，说表姐的行为已构成共同犯罪。我一直不怎么理解，表姐当时一直在车上，都没有参与打架，怎么就成了共同犯罪人了呢？

如前面所述，女孩一般不会直接参与一些暴力事件，但在事件发生过程中，因为自己不懂法、不了解法律的一些规定，往往会草率地给予一些看起来好像是无关紧要的帮忙，最后导致发生了一些自己预想不到的后果。我在和同人讨论案件的时候，曾经听他们讲过一个这样的案件。

犯罪嫌疑人许某（化名，男，21 岁）因为和张某某发生过口角，许某当时衣服被张某某撕破，一直想让张某某道歉赔偿，但实际上彼此都互不服气，于是相约在一个露天酒吧谈判，许某叫了几个朋友为他壮胆，顺便带上了自己的女朋友晓霏（化名，女，17 岁）。

张某某也同时纠集了三四个朋友一起来到露天酒吧现场，双方在酒吧开始进行所谓“谈判”，之后发生争吵。许某把车钥匙交给晓霏，让她带其他几个人去车上拿打架的工具。

原来在去到露天酒吧之前，许某就提前在车上准备了打架的工具，不过准备工具这件事他并没有提前告诉任何人。在打架过程中，许某一方占据上风，其中一人打中张某某头部，张某某被打晕在地，其他人见状四处散开。事后张某某被送往医院治疗，生命虽然抢救过来，但受了重伤，成了植物人。

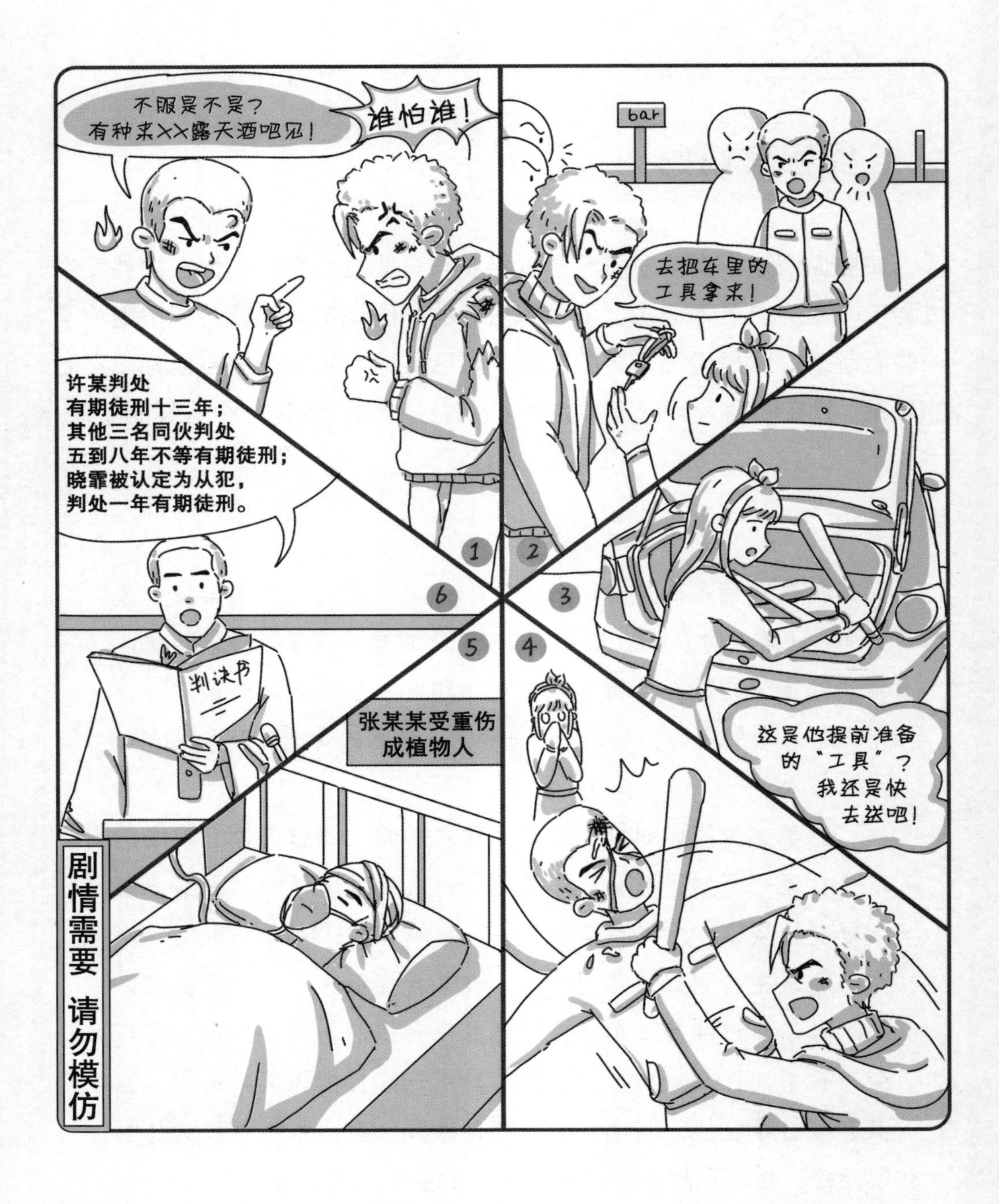
不服是不是？
有种来XX露天酒吧见！
谁怕谁！
bar
去把车里的
工具拿来！
这是他提前准备
的“工具”？
我还是快
去送吧！
张某某受重伤
成植物人
判决书
许某判处
有期徒刑十三年；
其他三名同伙判处
五到八年不等有期徒刑；
晓霏被认定为从犯，
判处一年有期徒刑。
剧情需要 请勿模仿

该案侦查终结后，许某和同伙三个朋友以及晓霏都以涉嫌故意伤害罪被起诉，许某被判处有期徒刑十三年，其他三个同伙被判处五到八年不等有期徒刑，晓霏最后被认定为从犯，被判处一年有期徒刑。

被害人张某某的家属向几名被告人提出了刑事附带民事赔偿，向几个人索要了一百多万元的赔偿金。

但因为只有晓霏是未成年人，所以张某某的家属把晓霏父母一起列为民事赔偿的被告，要求他们共同承担赔偿责任。

在整个过程中，晓霏一开始认为自己并没有参与打架，不会有事，也并不认为自己会坐牢，更没有想到会连累父母一起承担赔偿责任。

是的，晓霏并没有直接参与打架，只是听从许某的安排，拿车钥匙打开车门，让许某的同伙拿工具，但一样被追究刑事责任，被认定为该案的共犯，不过因为起到的作用相对比较小，被认定为从犯，才获得了从轻处罚。事后晓霏非常后悔地说，假如自己早懂点法律常识，就不会这样了。

晓霏为自己不懂法付出了代价。亲爱的女孩，我们该从中汲取什么样的教训呢?

在刑事犯罪里有一个概念叫作"帮助犯"，就是指故意为实施犯罪活动的人(正犯)提供辅助的情形，使正犯的犯罪更容易得逞。分两种情形：提供物质行为方面的帮助和提供心理支持方面的帮助。

在我的办案经历中，未成年女孩作为犯罪嫌疑人的案件相对较少，在这部分相对少数的女孩中大多数是因为不懂法而成为共同犯罪中的帮助犯。

亲爱的女孩，要避免自己稀里糊涂成为帮助犯，除了要加强法律知识的学习之外，还需要我们对以下日常生活中的情形有觉察。

**情形一：当女孩身处在突发纠纷、斗殴事件的现场时，不论是谁要求你支持帮忙，都要拒绝。**虽然从女孩内心来说，是非常不愿意看到有斗殴事件发生的，但碍于情面，应同伴（朋友）的要求，往往会提供一些简单的帮助。往往就是这么一个简单的帮助行为，一旦发生达到构成犯罪的后果，不出意外女孩也就成了共犯。

在即将发生纠纷和斗殴暴力时，我们应该对同伴提出不要斗殴的忠告！同第一节所说的，在保证自己安全的前提下进行制止！

这样即使斗殴事件致使有人受轻伤、重伤或死亡等，涉嫌刑事犯罪的时候，虽然女孩一开始是和其他同伴在一起的，但如果在口头上和行动上都表示了反对斗殴行为，一般也不会认定女孩是共同犯罪，不会认定女孩是帮助犯。

情形二：当有人让我们提供帮助而不说明原因时，即使是熟悉的朋友和亲人，我们也应该拒绝。不明不白的帮助行为本身就蕴含着非常大的风险，这个风险就包含了有可能是在帮助一种违法犯罪行为。

前面我讲过，法律上的“明知”有知道和应该知道两种情形。“应该知道”一般的理解是，按照一些常规、常理、常情状态可以推断出对

方可能是在做一些违法犯罪的事情而提供帮助，那就会认定提供帮助的人主观故意是“明知”。

当我们有所顾忌或者怀疑的时候，一定要把这些疑问向对方问清楚。假如对方解释清楚是没有问题的，我们可以提供帮助；假如对方以见不得光的方式搪塞，那就要提高警惕，拒绝帮助。

亲爱的女孩，我们需要了解和懂得一些法律规定，把控好自己的行为，保证自己不为违法犯罪行为提供帮助，保护好自己。

# 第二章

# 预防日常生活中的伤害风险

遵纪守法
我的义务

# 贪便宜坐的“黑摩的”，风险有多大？

## 女孩的小心思

有一次和朋友外出时，朋友说去搭便宜的士，可以省点钱，然后带我转到另外一个路口，路边停着不少俗称“黑摩的”的无牌三轮车在热情揽客，于是就在路边随便坐了一辆，只花了几元钱就到地方了，还真便宜了不少。

回去和妈妈讲了这件事，没想到被妈妈骂了一通，说以后不准坐这种“黑摩的”。而我朋友反觉得无所谓，说我妈大惊小怪，她坐了这么多次都没事。

我有点纠结，怎么觉得都有点道理，咋办?

不少人坐过“黑车”，有“黑摩的”，也有“黑的士”，有贪便宜的，也有图方便的。当然，并不是每一个坐过“黑车”的人都会出事。但我们能常常从现实或一些媒体报道中了解到有人因为坐“黑车”出事，乘坐“黑车”出事的风险比乘坐其他交通工具要高很多。

并且，对未成年女孩而言，“黑车”蕴含着巨大的人身伤害风险，一旦发生，后果往往都是不可挽回的。我曾经在一次外出学习时，听检察系统的同事讲述过下面这样一个系列案例。

黄某赢（化名，男，42岁）独自一人居住，刑满释放后在某市难以找到工作，平时开一部改装的三轮摩托车，白天载货，晚上载客，以躲避交警查车。

当时某市连续出了三四起20岁左右的年轻女孩失踪案件，一时间谣言四起。公安机关对案件侦破一直没有头绪，在排查女孩最后失踪路线的过程中，犯罪嫌疑人黄某赢逐渐出现在排查人员名单中，他是公安机关的重点怀疑对象，但一直没有什么直接证据指向黄某赢，只能对他暗中监视。

黄某赢住在某市的城乡接合部，人员流动多，也非常复杂。后来公安机关抓获了一个盗窃团伙的犯罪嫌疑人，在这名盗窃犯

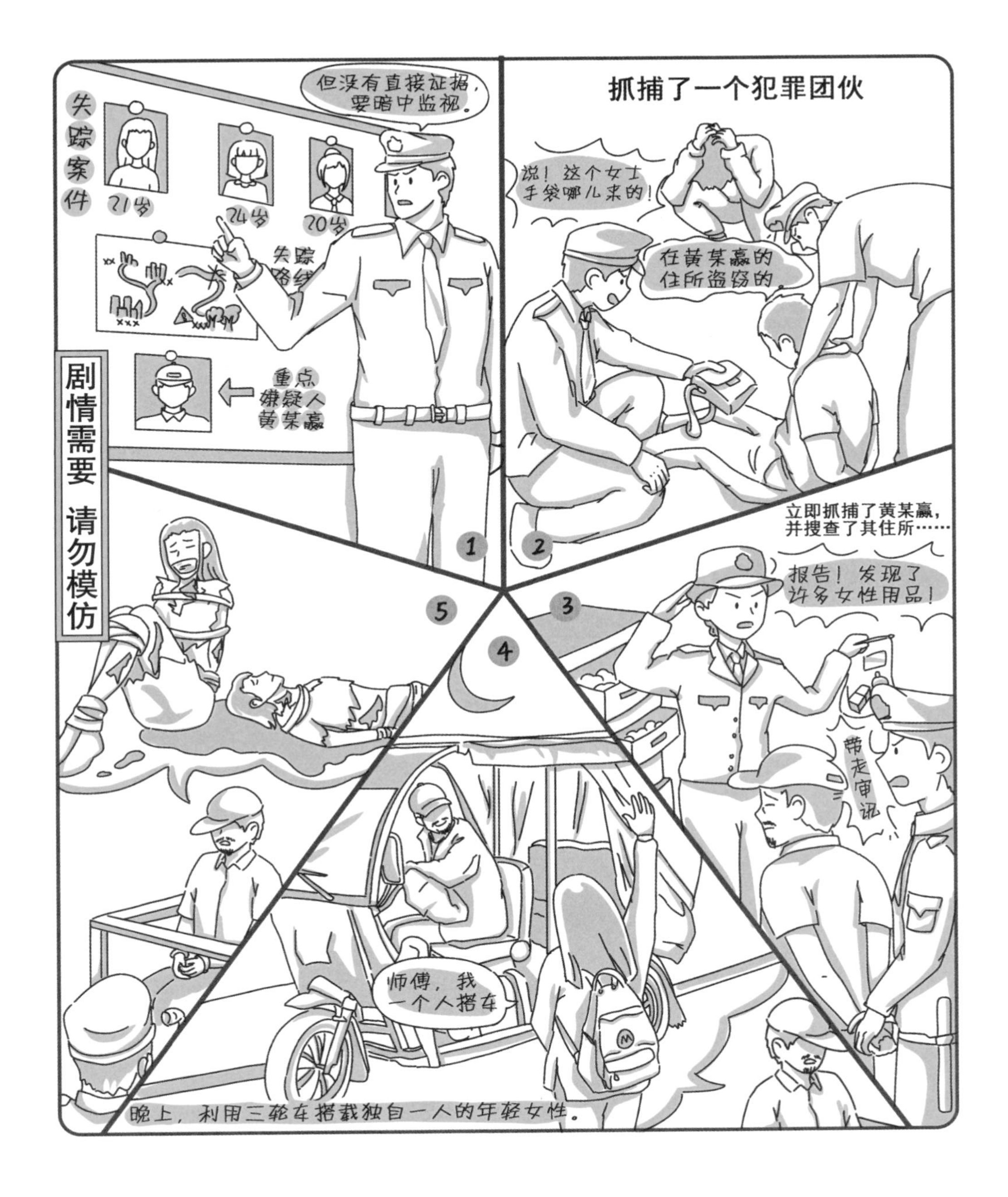

剧情需要 请勿模仿
失踪案件
21岁
24岁
20岁
失踪路线
重点嫌疑人黄某嬴
但没有直接证据，要暗中监视。
1
抓捕了一个犯罪团伙
说！这个女士手袋哪儿来的！
在黄某嬴的住所盗窃的。
2
立即抓捕了黄某嬴，并搜查了其住所……
报告！发现了许多女性用品！
带走审讯
3
师傅，我一个人搭车
4
晚上，利用三轮车搭载独自一人的年轻女性。
5

罪嫌疑人住所缴获了一个女式手袋，而这个女式手袋正好是一名报案失踪人员的手袋。然后公安干警在重点审讯这名盗窃犯罪嫌疑人时，得到了有关黄某赢的重要线索。

原来这个手袋是在黄某赢的住所盗窃的，根据这条线索，公安机关马上抓获了黄某赢，并突击搜查黄某赢的住所，还发现了其他女性用品。

经过审讯，黄某赢供述了在晚上利用三轮摩托车载客的犯罪的事实。当他见到搭乘的是独自一人的年轻女性时，就会想办法把该女性载到野外进行强奸，然后捆绑起来带回住所进行囚禁并杀害。根据黄某赢的供述，在其住所的地窖中找到两具尸体，正是其中失踪的两名女性。

最后，黄某赢当然是得到了法律的严惩。但这里，我需要提醒女孩的是，类似黄某赢这类犯罪嫌疑人作案常常会利用无牌无证的摩的等机动车作为作案工具。因为车辆无牌无证查找起来难度比较大，正是最好的掩饰，犯罪嫌疑人利用做“黑摩的”或“黑的士”司机的机会，比较容易找到作案对象。那反过来思考，作为女孩又该如何防范这类风险呢？

不论是从我因工作关系接触的案例中，还是从媒体上曝光的一些相关案件来看，利用“黑车”针对年轻女性作案的案件，往往后果都是非常严重的。女孩乘坐黑摩的发生恶性案件不一定是百分之百，而一旦发生百分之百是灾难。

我们必须认识到风险点在什么地方，也就是说要弄清楚，作为犯罪嫌疑人为什么会常常选择利用开“黑车”载客的这种方式来作案?

心存不轨、想作案的坏人（有时甚至于有案底），一般是做不了正规的出租车或者网约车司机的，因为想成为正规的出租车司机或网约车司机，第一个需要的就是身份认证！身份认证也就先筛选掉了一些行为有劣迹的人，从第一个层面把关了行业安全和声誉。相反，行为有劣迹且心存不轨的人更不想公开自己身份资料，假如公开，很容易就露馅，也很难寻找机会作案，所以这类人最后只会选择去开“黑车”。

当然，我们不能说所有开“黑车”的都是心怀不轨想做坏事的人，但由于有这部分人混杂到开“黑车”这个行列中来，当我们选择去搭乘“黑车”的时候，受害风险就会比搭乘正规的出租车要高很多。

“黑摩的”或“黑的士”很大一部分都是无牌无证的车辆，这些无牌无证的车辆本身就非常可能是来路不明的赃车，犯罪嫌疑人有心作案的时候，也会特意选择无牌无证车辆作为作案工具以逃避追查。也就是说一部分风险是来自犯罪嫌疑人有预谋作案时，会主动选择做“黑摩的”或“黑的士”的司机。这些情况都导致“黑车”行业司机鱼龙混杂，在这样的环境中，女孩遭到伤害的风险也比其他情况下要高。

从犯罪嫌疑人黄某赢的陈述中，我们可以得知，他做“黑摩的”司机，也不会是每次搭客都会作案，这也和其他类似案例提供的情况相似。当心怀不轨的人利用做“黑车”司机的身份，平时载客时可以赚钱，但当遇到容易下手的对象和时机——就是女孩在晚上独自一人搭乘时，就容易产生实施犯罪的冲动。

因为犯罪嫌疑人看到独自一人的女孩时，在内心就已经认定该女孩是容易得手的对象。从预防的角度来说，就提醒女孩，尽可能不要晚上独自一个人搭乘“黑车”，因为这些情形叠加在一起，遇害的风险会更大！

除此之外，“黑车”还有一个风险，就是假如万一发生交通事故，“黑车”常常是没有完整商业保险的，对发生交通事故导致的一些人身伤害赔偿没有相应的保障。

最后重点提醒，女孩独自一人出行时，宁可多花点钱，宁可多麻烦一下他人，都不要搭乘任何“黑车”，保障自己人身安全是第一位的。

# 上错了网约车发现不妥，怎么办？

## 女孩的小心思

有一次学校安全课堂分组讨论时，有个同学提出来，如果接人的网约车车牌和手机上显示的车牌不一致，紧急情况下来不及细想上了车，车子开动后才感觉不妥，怎么做可以自救？

有的同学说跳车，有的同学说抢方向盘，有的说打电话报警……讨论了许多方法，但都有人反驳。那到底该怎么做才是有效的呢？

先听我讲一个从某案件中获知的细节。这是一个犯罪嫌疑人自己供述的一件事，这件事单独来讲还不构成刑事案件，属于案中案的一个前提细节部分，但非常有借鉴意义。

郑某伟（化名，男，39 岁）伙同他人时分时合实施抢劫，常用的手段是郑某伟以自己的小车招引搭客，当有单身客人搭乘且预估可能带有钱财时，就暗中通知同伙去预定的位置等待，由几名同伙对乘客实施抢劫。在抢劫时郑某伟也假装自己是受害人，也会被搜身。等抢完乘客财物之后，郑某伟还会开车载被害人离开。

在这个抢劫系列案件中，犯罪嫌疑人郑某伟讲述了曾计划抢劫一个女乘客，但因故又放弃抢劫的细节。

某晚，郑某伟按照惯常方式计划抢劫，先去某市一处客人比较聚集的地方等活儿。这时有个女乘客带着很多东西上车，郑某伟按预定暗号通知同伙在约定地点等候。

刚上车一两分钟，就听到女孩打电话，听语气应该是打给亲戚。女孩说让表哥早点下班去等她，并在女孩的通话中听出她表哥是当地派出所所长，没那么早下班，说让一个民警帮忙去接她。在听到女孩打完电话后，郑某伟觉得抢劫当地派出所所长表妹的

预定位置
我开黑车拉单身客人到同伙所在的预定位置。
同伙抢劫，我也装成受害者……
3 某晚，我们按计划行事……
鱼儿上钩
收到
打车！
派出所工作忙，所长不能早下班。
喂，表哥，下班等我啊。
同伙
情况有变 计划取消
收到！
抢劫派出所所长表妹兹风险太大……
继续说，然后呢？！
剧情需要 请勿模仿

钱财风险太大，然后通知同伙这单不做了，把女孩送到目的地后就离开了。之后，郑某伟又去另外一个地方等人，寻找其他下手目标进行抢劫。

这是郑某伟在供述一起抢劫案经过时讲述的一个细节，但这个细节一直让我印象深刻。这个女孩有可能是在打电话给她当派出所所长的表哥时无意中透露出这样的信息，当然也有可能是故意的。但无论无意还是故意，这个信息对于准备作案的犯罪嫌疑人还是有心理威慑力的，从而让犯罪嫌疑人放弃了作案。可以说，是女孩的这个举动救了自己。那么，我们可以从中学到些什么呢?

在学习保障安全的方法和策略之前，需要我们对危险有警觉性！没有对危险的警觉，任何方法和策略都是白扯。

亲爱的女孩，安全课堂提出讨论的问题分两个部分，需要记住的是，假如接人的网约车车牌和手机上显示车牌不一致，首选应该拒绝上车。再次强调，女孩独自一人在夜晚需要搭乘交通工具时，不要贪图方便或者想省点钱而选择“黑车”。

万一上车后发现似乎不妥当，对可能发生的危险有了警觉后，要先观察自己身处什么环境和位置，尽可能清晰地了解周边环境和位置，对我们接下来应该如何做是非常关键的。可以分以下两种情况：

**情况一：假如我们刚刚上了车，还没有发现其他什么情况，只是觉得有点不妥当，心底稍有不安。**这个时候我们可以拿起电话打给我们信任的人，告诉对方自己大约多长时间就可以到达，然后告诉对方自己乘坐的是一辆什么车，描述一下这辆车的特征，假装问问司机这辆车的车牌是多少，然后和

对方约好在哪里等。

这么做有两个目的，一是让可以信任的成年人对我们的行程、目前的情况有一个了解，除了可以给到我们心理支持之外，还可以让亲友在我们万一出现意外情况时及时提供救助。二是间接警醒陌生人(包括司机)，自己不是一个人，有其他同伴在时刻关注我们的行踪，暗示对方，自己是有一个安全保护屏障的。

当然，我们也可以故意透露接电话的对方是警察之类的身份，假装讲一句“你们做警察的咋都这么忙呢”之类的话，这种看似不经意的透露，对一些心怀不轨的人就会有一定的震慑作用，同时也可以让我们自己获得一些心理上的支持和帮助，更加冷静淡定地应对可能发生的事情！

**情况二：假如我们已经感觉到车偏离了原来的线路，这个时候要左右环顾外部环境，保持警惕，**同时我们应该马上打开手机定位和路线图，看看车的路线是否真正偏离了目的地的方向。如果线路方向偏离，我们需要马上把自己的定位发给自己信任的成年人，并打电话给信任的人，在电话接通的状态下，询问司机路线是否走错了，

怎么和导航路线不一致，是怎么一回事？然后再回过头继续和电话另外一头的亲友报告自己到了什么位置以及大约什么时间到！

切记，要在电话保持通话状态下，询问质疑司机路线问题！这样等于把自己的实时状态传达给了另外一个人，不但自己心理上可以得到支持，而且一旦发生万一情况，我们的求救信号可以确保第一时间传递出去，让自己在尽可能短的时间内得到救助！这个时候，时间就是生命！

3

# 在旅游景点逃票省下几十元，值得冒险吗？

## 女孩的小心思

听朋友讲，上次他们去到一个景区，门票有点贵，于是让一个当地认识的人带他们走一条小路，穿过一片未经开发的树林绕进去，省了 80 元门票，看她高兴的样子好像捡到了一个大便宜。于是我特意打听了那条路怎么走，这样周末和朋友去也可以省下门票钱了。

回家和我爸讲了这件事，反倒被他骂了一通。唉，郁闷！

亲爱的女孩，景点逃票表面上看起来好像是占了便宜，但实际上，不仅仅影响到我们的人品，还增加了其他可能被伤害的风险。曾经有个朋友向我咨询过一件事，就和逃票进景区时出了事故有关。

朋友给我讲述了事情的经过，咨询能否起诉景区以及管理部门赔偿她亲戚孩子的医药费和伤残费。

朋友亲戚的孩子晓静（化名，女，14岁）初中刚毕业，和四个同学相约出去玩，来到某市某风景区，在风景区入口时，发现门票涨价了，原来60元一张，现在是100元。其中一个人说围墙外侧那边有一块石头，可以踩着石头翻过围墙，提议大家绕道翻墙进景区。

五个同学于是绕过大门验票口，偷偷走到围墙外侧的石头那边。三个男同学跳过去后，晓静跟着爬上围墙，跳下来的时候摔在了地上，导致右手臂骨折，同时手掌又被一颗有尖刺的树勾住，手掌位置还被划伤。

后来晓静被送到医院治疗，不过手掌韧带受伤后恢复不好，导致两个手指头无法正常曲张，经过伤残认定达到了九级伤残。

景区门票：100元
门票涨价了？
围墙外侧那边有一块石头，可以踩着石头翻过围墙。
我们赞同
剧情需要 请勿模仿
嘿！快下来！
咔！
砰！
哎呦！我的手臂！
按铃
九级伤残，非常严重，右手臂骨折手掌韧带受伤……

医药费用了一大笔不说，重点还导致右手伤残，影响很大，大家都后悔不已。

朋友见亲戚晓静家里条件不太好，帮着先咨询一下，看是否可以找景区以及管理部门要求赔偿。

当问清楚基本情况之后，我只能遗憾地告诉朋友，这种情况找景区以及管理部门要求到赔偿金的可能性很低，想想其他办法吧。

这里涉及人身风险和损害赔偿风险，这些风险和景区门票钱相比，我们该怎样衡量这里面的轻重？

一个看起来很小的占便宜行为，带来的风险往往是我们无法承受的，这里就需要我们对一些风险有足够的认识。

首先，收费景区是面向公众收取费用，一般用于景区的管理和维护以及发展当地经济。收费项目涉及公共利益，根据不同类别，是需要进行层层审批的。

这些审批事项中就包括景区里一些设施必须符合安全管理的要求，并通过验收。对景区安全的管理和保障是景区以及主管部门需要承担的职责和义务。

正常买票进入景区的游客，假如因为景区某些设施的破损没有及时修补，或者一些危险地带没有显著警示标志等，而造成了伤亡，这个时候，只要没有其他证据证明当事人有重大过错，景区以及管理部门是需要承担相应的赔偿责任的。

其次，到景区玩儿，玩儿得开心的前提就是安全。景区规划路线和建设相关设施就是为了保障游客安全，所以买票、按照规划路线游览，除了是我们应该遵守的一个社会行为之外，更是为了保障我们的人身安全。

案例中的晓静虽然是未成年人，但根据一般 14 岁孩子正常的理解和认知能力，是可以认识到逃票翻墙进去景区是不对的，是不合乎相关规定的，也应该能认识到自己的行为可能会产生伤亡风险。在这样的情形下，她跟随同伴违反相关规定，以翻墙逃票的方式进入景区，足以证明当事人晓静等人是存在明显过错的。

当事人故意违反规定在先，在法律责任上一般判定当事人存在重大过错。所以晓静等人为了逃票翻围墙导致的后果，也只能是由他们自己承担，不能要求景区以及相关管理部门来承担赔偿责任。

最后，我们作为社会人，必须要遵守一些规则、规定。一些不合规的行为或许没有违法犯罪那样严重，但这些不合规行为带来的伤害后果，往往会导致我们处于被动和不利的局面，致使我们得不到法律的保护。

权利和义务是相辅相成的，它们是一对双胞胎，遵纪守法是每一个公民应该遵守的义务，也是保障我们应得权利的前提要求。

# 女孩在日常生活中，要有哪些安全意识和习惯？

## 女孩的小心思

一个周末，朋友的爸妈到乡下看爷爷奶奶去了，她一个人在家，然后约我们几个朋友连线打游戏。正在紧张打游戏的时候，突然她说等一下，要接个电话。原来是她父母打电话叮嘱她不要随便开门，乖乖在家，他们很晚才能赶回家等，交代了一堆事项，啰唆了很久。

她和我们讲的时候，我们都有点不理解，独自在家而已，家是最安全的地方，有必要这么啰唆吗？

亲爱的女孩，女孩子一个人独处，即使是在家里也是需要对一些风险进行防范的，你朋友父母的嘱咐还真是非常有必要的。我曾经办理过这么一个案例。

晓佳（化名，女，13 岁）因为父母欠债一直在外打工，她平时和叔叔一家人一起居住。晓佳叔叔家是自建的四层半楼房，晓佳一个人住顶楼，夏天天气比较热的时候，晓佳就会把楼顶的门打开通风，这样比较凉快。

有一天晚上，犯罪嫌疑人周某骏（化名，男，28 岁）流窜到晓佳所居住的小区，准备入户盗窃。周某骏先潜入晓佳住所的隔壁，在隔壁家偷窃完后准备离开时，突然听到外面有说话声，原来这家有人半夜回来了。于是，周某骏就直接上到楼顶，准备躲藏一下再看机会溜走。

周某骏上到楼顶之后，四处张望，发现可以从楼顶直接跳到隔壁的楼顶，并且隔壁楼房（晓佳一家）楼顶的门是打开的。于是，周某骏从楼顶处跳了过去，然后进入晓佳的房间，看到有个女孩在床上睡觉，起了邪念，准备对晓佳实施侵害。

周某骏走到床前摸晓佳，晓佳被惊醒吓坏了，用脚一蹬，随

自建的四层半楼房，住在顶楼……
剧情需要 请勿模仿
夏天楼顶的门打开通风，比较凉快。
1
哎！对面顶楼门是开的！可以过去！
偷点东西，这家半夜竟然有人回来！
咔！
2
嘿嘿！
小姑娘！
3
啊！！！！
蹬！
救命！
怎么了！叔叔这就来！
快跑！
4
哪里跑！
哎呦！
这是小偷！快抓住他，我报警！
5

后大叫起来，周某骏没想到女孩这么快醒来，于是仓皇逃出楼顶露台。晓佳的叔叔听到声音也迅速上了楼顶，并顺着晓佳指的方向追了出来。

恰好这个时候，被盗窃的户主也走上楼顶查看，于是一起抓住了周某骏。

晓佳受到了比较大的惊吓，很长一段时间不敢自己睡觉，家人只好暂时安排她和家人同住一个房间。

晓佳以为自己住楼顶没什么人来，夏天晚上打开门通风睡觉比较凉快，贪图一时方便，忽略了日常生活中应注意的一些安全事项，导致自己差点受到了伤害。

**这个案件破案和抓获犯罪嫌疑人有点戏剧化，不过，我们应该从晓佳的这个疏忽中，吸取什么样的教训呢?**

女孩留意日常生活中的一些安全事项，养成一个好的安全习惯，有时候就是救命的关键点。从日常生活习惯开始培养人身安全意识，我们可以留意哪些情况呢?

女孩假如一个人在家，有陌生人来敲门，最好不要透露是一个人在家，反倒应该透露家里有人。假如家里没有其他人，遇到陌生人（包括快递）来敲门，可以在应门之前喊一句，“爸，我去开门好啦。”假如不确定是什么陌生人，一个人在家最好不要开门，隔着门应就好了。

晚上休息时，一定要检查室外照明灯，关好门窗，门锁如果有加固装置，也一并要锁好。假如感觉有窃贼等不速之客要闯入，第一动作是马上报警，告诉警察“有人正在抢劫”，冷静告诉警察你所在的位置，并迅速找到隐蔽的地方藏起来。

女孩外出，要尽可能和朋友一起，不要单独行走。有散步习惯的，

注意一定要在照明良好的地方，或者有其他行人的地方散步。在公共场合，仅仅有其他人在场这一个条件，就可以吓退许多原本心怀不轨的人。根据有关犯罪学的研究，两个人在一起行走遭受攻击的概率比一个人行走要少65%；有三人以上同伴在一起的时候，遭到攻击的概率可以减少90%以上。

外出穿的衣服要宽松舒适，不要穿可能妨碍行动自由或奔跑的衣服，穿觉得舒服不容易脱落的鞋子，假如有鞋带一定要绑好，方便奔跑，以免万一需要奔跑时发生鞋带把自己绊倒的情况。

女孩假如因特殊情况不得不每天需要单独外出一段路程，建议随身包包里放置一瓶辣椒喷雾剂或者防狼喷雾，并且随身携带的手提包最好是有肩带可以挂在身上的，这样万一有意外发生，奔跑时更加方便。

**长大后，女孩要尽可能地避免喝酒，即使万一有场合需要喝酒也尽可能要少喝。**即使在这个少喝的场合也尽量要有一个自己可以绝对信任的人同在。众所周知，喝醉酒是女孩特别容易遭到攻击、侵犯的一个高危因素。喝醉酒后女孩自己保护意识、反应能力更加迟缓，当面对攻击或侵犯的时候，女孩能做出积极正确反应和行动的时间也会滞后，这也让女孩更容易遭受到伤害。

假如遇到一些特别热情劝喝酒的情况，女孩一定要特别警惕。正常情况下，朋友之间开心相聚，不会强行劝酒。只有那些心怀不轨的人才会强行劝酒，而强行劝酒的目的就是让女孩对一些过激语言、动作反应迟缓，而后做出攻击或侵犯举动。

生活中一些好的安全习惯关键时刻就是人身安全的保障！

# 遇到“马路疯子”，该怎么处理？

## 女孩的小心思

有一天和朋友骑电动车去商场时，我在等红绿灯，起动慢了一点，后面有辆汽车就在“嘟嘟嘟”大声按喇叭，过了红绿灯后，我马上往旁边让了一让，没想到他居然靠过来，按下车窗，对着我们骂了一句粗口才走，真是气死人！莫名其妙遇到这种“马路疯子”，下次要骂回他才解气！

亲爱的女孩，在马路上遇到这样的“马路疯子”，我还真要劝你，让一让，忍一忍，安全第一，不要斗气，不要想着骂回去解气。

一些非常惨烈的交通事故的发生，往往就始于开车斗气！我曾经办过许多涉嫌交通肇事罪的刑事案件，在工作中也曾听一位公安干警讲过一个因为斗车发生的惨烈交通肇事案。

某天下午 4 点左右，犯罪嫌疑人茹某某（化名，男，28 岁）开汽车在市区道路上正常行驶，因为市区限速，他的车速不快。这时候，覃某（化名，男，22 岁）驾驶一辆汽车在后面“嘟嘟嘟”猛按喇叭想超车，提示茹某某的汽车让一让，接着没等茹某某反应过来，覃某找个空隙穿过实线直接超车驶到茹某某正前方，然后放慢速度。茹某某本来就反感对方乱按喇叭，这样被超车就觉得气不打一处来，认为是针对自己，于是也开始“嘟嘟嘟”找空隙超车。

于是两辆车直接就这样在市区道路上加速互相超车，不管是否是实线不允许超车，也不管道路上还有其他车辆在行驶。

案发当天下午 4 点左右虽然不是上下班时间，但毕竟是市区道路，有一定的车流量和行人。疯狂斗气的两车最后在一个

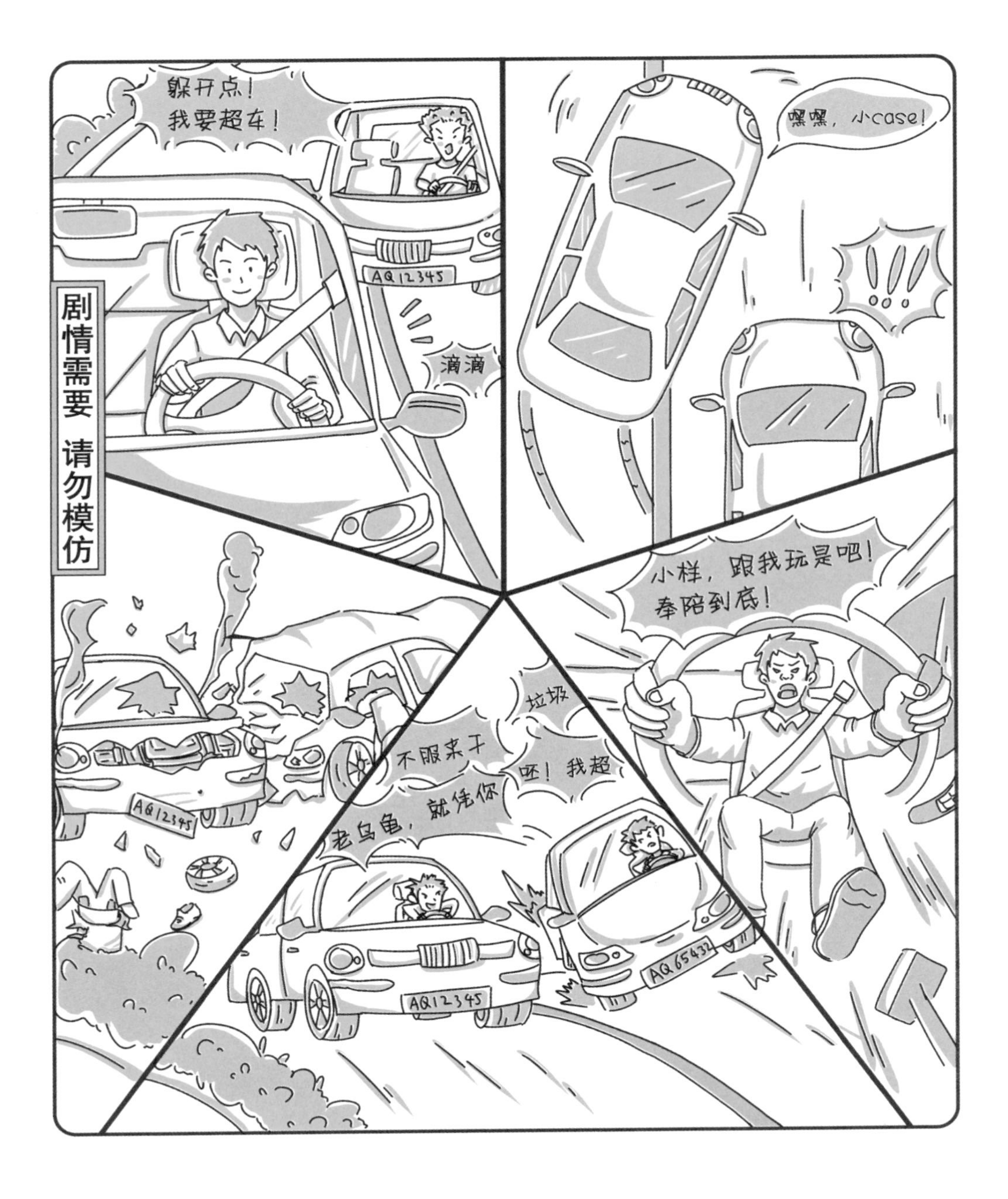
躲开点！
我要超车！
AQ12345
滴滴
剧情需要 请勿模仿
嘿嘿，小case！
!!!
小样，跟我玩是吧！
奉陪到底！
垃圾
坚！我超
不服来干
老乌龟，就凭你
AQ12345
AQ65432
AQ12345

转弯处相撞，其中一辆车直接撞翻在花基上，另外一辆车冲向临街商铺前的人行道。车祸导致覃某当场死亡，一行人受重伤，犯罪嫌疑人茹某某也受重伤。

这起交通事故就是由于驾驶人互相不服气，气愤之下违规在道路上追逐竞驶，导致交通事故，后果非常惨烈。

我们在道路上，遇到故意“嘟嘟嘟”开车的人，一定要控制好自己的情绪，避让一下这样开车的人。为什么我们要主动让让这些鲁莽的人呢?

在开车的时候，特别是交通拥堵时，有部分驾驶者对其开车所遇到的压力和挫折会感到非常愤怒，表现出开车时会经常冲动、说脏话，会对其他开车的人动粗或者直接袭击他人的汽车。心理学上把这种表现叫作“路怒症”，专门是指这些机动车的驾驶人员带着愤怒开车并有攻击性的行为。

“路怒症”驾驶者的攻击性行为通常有胡乱变线、强行超车、闯黄灯、爆粗口、狂按喇叭、威胁其他司机、袭击他人……研究表明，相当多的司机都有这样的症状，但并不是每个这么做的人都明白自己是处在一个病态状态。

中科院心理研究所曾经有教授

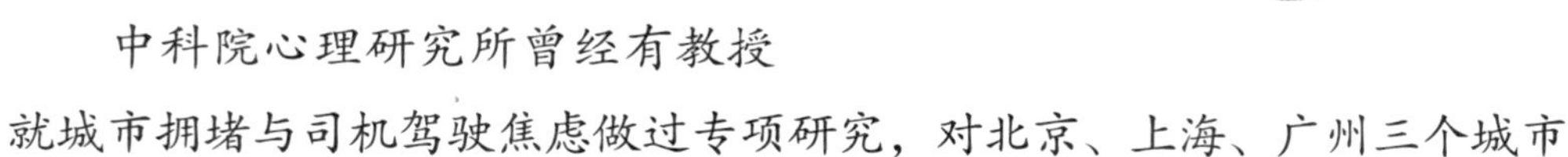

就城市拥堵与司机驾驶焦虑做过专项研究，对北京、上海、广州三个城市

随机选取近千名司机进行问卷调查，有35%的司机称自己有“路怒症”。医学界把“路怒症”归类为“间歇性暴怒障碍”。

当然有“路怒症”的人并不是每次开车，“路怒症”都会发作，司机在驾驶中遇到不顺或者其他恶劣环境等条件会催化“路怒症”发作。比如交通拥堵、恶劣天气、车辆事故、其他司机的野蛮行为等，都可能让司机感觉面临压力。这些外在压力加上内在压力，很容易转换成“愤怒”情绪，导致司机情绪失控，在驾驶过程中就会变成“马路疯子”。

解释这么多，就是希望我们能明白，防止“马路疯子”对自己可能造成伤害的最好方法就是——和他保持足够的距离。

外出遇到类似的情况，我们自己要保持警觉和冷静。不要向这样的人吹胡子瞪眼睛，把对方威胁的话和粗口当作没听见，不要向对方大吼，不要惹“疯子”发火。假如对方挑衅你，要当作没看见，保持冷静，不要骂回去，给这样的人让一让道，让他们过去。因为你永远无法预测一个“疯子”下一步会有什么样的冲动行为，实在犯不着激怒“疯子”，让自己受到伤害。

# 被人以曝光隐私来敲诈勒索，该怎么办？

## 女孩的小心思

朋友晓萧因为受不了男朋友的暴躁脾气，所以决定分手，刚分手一两个星期还算平静，但后来她的前男友来找晓萧要求复合，说不同意复合就把晓萧之前拍的私密照片放到QQ群和微信群上去，让大家都看看。

晓萧不愿意复合但又害怕前男友把照片散播出去，很焦虑，不知道该怎么解决。

敲诈勒索事件的发生一般都是有一定前因的，针对女孩子的敲诈勒索，最常见的就是个人性隐私被人掌握后，被人以曝光隐私相威胁。我听朋友讲过一个在她亲戚身上发生的案件。

晓乐（化名，女，25岁）通过相亲，谈了一个男朋友并相处了半年左右，男方家庭条件不错，晓乐家里人很满意，男方家里对晓乐评价也不错，双方家长已经见面，开始谈婚论嫁了。

晓乐也开始憧憬自己未来的生活了，不过就在这时，晓乐高中同学潘某武找上门来，要找晓乐叙叙旧。原来高中时，晓乐和潘某武谈过恋爱，当时两个人都才十五六岁，因没控制住发生了关系，致使晓乐怀孕了。

当时晓乐父母对怀孕这件事非常生气，了解到对方是这个潘某武之后，直接告到学校，让学校把潘某武开除了。

晓乐在家里人安排之下打胎、休学，经过一段时间后转学到外地去了，之后晓乐和潘某武就没有联系了。

晓乐在外地上学，后来考上一所大专学校，毕业后家里人帮忙找到一份本地银行的工作。而潘某武被学校开除后，提前进入社会打工，事后有找过晓乐，但晓乐听从家里人的意见，没有继续和潘某武在一起。

1
咱们定个婚期吧
两个孩子特别般配！
2
被退学
因为咱俩那事我一直过得不好……
听说你要嫁富二代。不给我钱我就告诉他咱俩之前……
3
拿钱滚蛋！
保证书
哼~
4
我们不会再给你钱了！你滚！
咚！咚！
你们会后悔的！
5
你未婚妻怀过孕，还堕胎了……~
什么！
6
我们分手吧
以敲诈勒索罪逮捕你！
剧情需要 请勿模仿

潘某武因为没有文凭、没有技能一直过得不如意，这次听到晓乐要结婚，并且对象是当地有钱老板家的富二代，就认定晓乐和家人都是嫌贫爱富的人，心中极不平衡，所以想乘机敲晓乐家一笔钱。

于是潘某武找到晓乐要 2 万元，晓乐一开始不愿意给，但潘某武威胁晓乐，说要把晓乐之前和他谈恋爱且怀孕、堕过胎的事情告诉她男朋友，要把她的婚事给搅黄了。晓乐明白，万一男朋友知道了这件事，很有可能要和她分手，虽然一万个不乐意，但还是答应了给钱。

晓乐把 2 万元给了潘某武后，没想到潘某武去赌博很快就输光了，一个月后又来找晓乐要钱。这下晓乐没办法，只好告诉了父母。她父母虽然很恼火但也暂时不想影响晓乐的婚事，商量之后，决定再给潘某武 1 万元，让潘某武写保证书以后都不可以再骚扰晓乐。

潘某武照做了一段时间，但两个月后，他再次找上门来。晓乐家决定不再给钱，于是潘某武把这件事找人告诉了晓乐的男朋友，随之婚事也黄了。

这个时候，晓乐父母才去公安机关报案，随后潘某武以涉嫌敲诈勒索罪被抓获。

**晓乐被人敲诈勒索，最开始有所顾忌而没有报案，最后导致自己持续被威胁。那么，假如有人以曝光女孩子的隐私作为威胁，来敲诈勒索，该怎么处理才能把损害后果降到最低呢?**

我相信每个人都不愿意被人敲诈勒索，而女孩假如被人敲诈勒索的话，最常见的就是以曝光女性的隐私作为威胁，而这种威胁对涉世未深的女孩来说又具有特别大的杀伤力。

● **女孩要避免潜在的被敲诈勒索风险，首要的就是要保护好自己的性隐私。**比如对涉及暴露个人身体隐私的图片、视频，自己要坚决拒绝拍摄，假如拍摄了也要特别注意保管好（一定要坚持由自己保管），同时注意防范被偷拍。假如处在恋爱关系中，一些和性相关的事，都要尽可能做到隐私和安全，保护好自己。比如男友提出要求拍性爱视频或者裸露隐私部位的照片，女孩一定要拒绝！这样的隐私视频或图片往往就是日后生活的一个定时炸弹，你不知道什么时候会爆炸！

● **向用隐私曝光作为敲诈勒索的人妥协，才是女孩真正人生噩梦的开始！**当女孩面临自己的隐私被曝光的威胁时，常常第一反应是焦虑自己的隐私被曝光可能会有哪些不好影响，会有哪些难堪，会受到怎样的责骂，等等，反而忘了对方既然拿这个隐私来威胁你，一旦你支付相关钱财，对方就会想着原来钱这么“好赚”！对方内心会马上认为这就是“免费金矿”啊，又怎么可能就此罢手？一个要拿女孩隐私来威胁对方的人，又怎么可能言而有信地删除相关资料？这些资料可是下次要挟的好筹码啊！所以，如果向对方的威胁妥协，那么有了第一次，接着就会有第二次、第三次……因此，女孩需要担心的应该不仅仅是性隐私被曝光，要重点防范的是：你已经被一个无赖缠上，需要先解决的是这个无赖的威胁！对无赖妥协是没有用的，我们要做到的是千万不要向邪恶妥协！

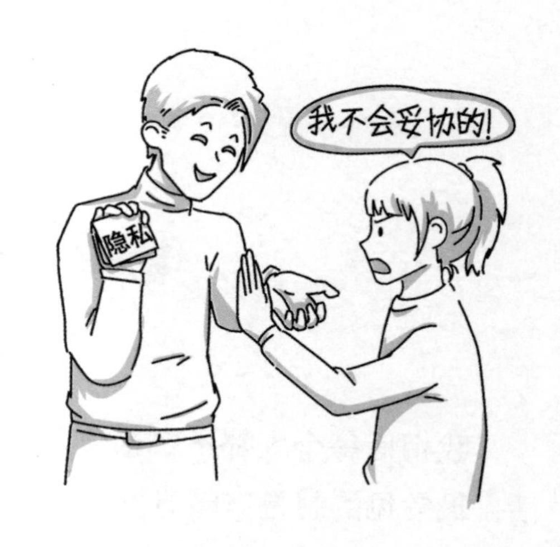


● **假如不幸遇到被人以曝光性隐私相威胁，这时请记得，对方的行为是构成了违法犯罪的。**

根据有关司法解释，敲诈勒索公私财物价值两千元至五千元以上、

## 相关法律条文规定

★ ★ ★

《中华人民共和国刑法》第二百七十四条规定：“敲诈勒索公私财物，数额较大或者多次敲诈勒索的，处三年以下有期徒刑、拘役或者管制，并处或者单处罚金；数额巨大或者其他严重情节的，处三年以上十年以下有期徒刑，并处罚金；数额特别巨大或者有其他特别严重情节的，处十年以上有期徒刑，并处罚金。”

三万元至十万元以上、三十万元至五十万元以上的，应当分别认定为刑法第二百七十四条规定的“数额较大”“数额巨大”“数额特别巨大”。具体数额每个省、自治区、省辖市根据具体情况具体规定后上报最高人民法院、最高人民检察院批准。其他特别情节，司法解释也有具体规定。

我在此科普这方面的法律知识，是想让女孩们了解，当你万一遇到被人敲诈勒索时，大致什么情况下对方已经是构成犯罪了。这个时候，女孩可以根据具体情况报案，积极提供线索，要求公安机关抓获犯罪嫌疑人。

正所谓“阳谋立身、阴谋防身”，意思就是告诉我们：女孩要保有自己善良光明的本心，不主动去害人，但当有人来害我们的时候，可以利用自己所掌握的知识，让对方受到应有的惩罚，并同时解除自己所面临的危险。

酒

# 第三章

# 小心这几种<br>伤害女孩的行为

# 轻松又赚钱的酒吧工作，风险到底有哪些？

## 女孩的小心思

同学放假的时候会在酒吧做“酒水宝贝”，她说推销酒水提成高、赚钱多，晚上 10 点到凌晨 2 点左右，上班时间也就四五个小时，比其他地方自由，有不少读中学的学生放假时都在酒吧做兼职。她建议我放假也可以去酒吧做“酒水宝贝”，上班轻松还有钱赚。

我有点心动，要不要去试试呢？

酒吧等娱乐场所常常会有类似的招工简介，说轻轻松松陪客人聊聊天、喝喝酒就能把钱赚了，入职门槛低，工作轻松，赚钱快又多。这样的广告常常吸引一些刚刚进入社会的女孩，甚至还有一些在校读书的未成年女孩，以为自己可以边玩边把钱挣了，而忽略了这里面的风险。

听检察官同人介绍，他们曾经办理过一个“组织未成年人进行违反治安管理活动罪”的案件。

犯罪嫌疑人叶某（化名，男，30岁）得知许多酒吧为了招揽生意招聘“酒水宝贝”，负责陪客人喝酒、唱歌、推销酒水、搞气氛。于是叶某为了谋取非法利益，打着“入职门槛低，工作轻松，赚钱快又多”的广告，招募年轻女孩去酒吧上班，赚取中介费。

叶某伙同他人组织招募了许多年轻女孩，并建立了微信群，其中还招募了未满十八周岁的女孩小艺、小轩、小阳、小婷（上述均是化名）等多人，多次到当地一些酒吧从事有偿陪喝酒、陪唱歌等活动。案发后，公安机关经过侦查移送检察机关审查起诉，最后经过审查，检察机关认为叶某的行为损害了未成年人的身心健康，严重危害了社会治安管理秩序，触犯了《中华人民共和国刑法》第二百六十二条之二的规定，以组织未成年

嘿嘿，
又上钩一个。
哎呀呀，
你这么好看当然可以啦！
您看我可以吗？
大网
公司
别犹豫！
入职门槛低
工作轻松
赚钱快又多
钱不够了跟哥说呀，
打个欠条不就行了！
签了这个名，就等着给我一辈子吧！
我也要签。
欠条
好，我签。
我的宝贝们（25）
金
宝子们~
今天晚上5点，跟王老板有个局儿，能去的宝贝回复个"1"哈~~
小阳15岁
1
1
1
4
损害未成年人身心健康，是大罪！
我错了。
剧情需要 请勿模仿
1
2
3
5

人进行违反治安管理活动罪起诉叶某，最后法院以该罪名判处叶某有期徒刑十个月，并处罚金三万元。

检察官在办案过程中，发现叶某还以高利贷借钱给这些女孩，然后让女孩不得不转战不同酒吧做“酒水宝贝”赚钱以偿还高额利息。

这些女孩涉世未深、社会经验不足，对所处环境风险完全没有认识，还以为自己捡到了便宜，晚上在酒吧做兼职有免费酒水喝还有钱赚！据介绍，不少未成年女孩自己做兼职“酒水宝贝”之后，又介绍自己的朋友或同学去做兼职。

亲爱的女孩，请思考一个问题：为什么国家会以法律的形式严令禁止这种组织未成年人有偿陪酒的行为呢？

在考虑去酒吧打工推销酒水的时候，希望女孩都能了解一下自己将要面临的风险。

● **劳务风险**。酒吧为了招揽生意和提高酒水销量，会特意每晚临时雇请一些女孩做“酒水宝贝”陪客人喝酒，向客人推销酒水，扩大酒水的销量，同时活跃酒吧气氛，吸引更多的人来酒吧消费。酒吧每晚只是通过中介临时雇请“酒水宝贝”是有用意的，就是为了逃避劳动关系需要签订劳务合同的相关规定，逃避一些应该承担的责任。这些在酒吧打工的女孩和中介之间是临时的、松散的合作关系，没有任何合法正规的合同，当然和酒吧之间也没有签订任何合同，如果发生涉及劳务、劳资以及其他利益等方面的纠纷，女孩自身的权益是无法得到保障的。

● **人身风险**。酒吧中形形色色的人来来往往，环境复杂，加上酒精的刺激，常常发生一些打架等流血冲突事件。一旦发生这样的事件常常是打群架的状态，多人参与，场面混乱，女孩即使不属于打架的任何一方，被误伤的风险也非常大。假如女孩的人身受到伤害，因为女孩和酒吧没有劳务合同，是很难获得酒吧的赔偿的。

● **财物风险**。女孩在酒吧工作时，一些随身的财物，比如随身现金、手机、手表、项链首饰等，在女孩醉酒状态之下，经常会丢失或被盗。而且因为酒吧人员混杂，这类失窃案件即使报案，破案率也比较低，财物大多难以找回。

● **被性侵风险**。女孩在酒吧以陪客人喝酒的形式向客人推销酒水，为了酒水销售业绩，女孩陪客人喝酒时就会喝得很多，常常是处于醉酒状态。女孩在醉酒状态出现各种有损个人形象的情况还是次要的，重要的是常常会遇到身体被人占便宜的情况。在这种场合，不单单是女孩被性侵风险非常高，而且被性侵后，取证难度也比较大，常出现因为证据不足无法追究当事人刑事责任的情形，这种“哑巴亏”对女孩的身心伤害往往更大。

● **违法犯罪风险**。酒吧场合鱼龙混杂，一些吸毒人员或贩毒人员特别喜欢在酒吧这类场合吸食或贩卖毒品，而做“酒吧宝贝”的年轻女孩更是这些违法犯罪人员教唆、引诱的重点对象。为了让女孩更容易受他们的控制，他们往往诱骗女孩吸食毒品，等女孩上瘾后再对其进行控制，最终让女孩也沦落到和他们一起做违法犯罪事情的地步。

认清这些风险，相信你就明白了为什么国家会以法律的形式严令禁止这种组织未成年人参与的有偿陪酒行为。所以，亲爱的女孩，请拒绝你朋友的邀请，不要去酒吧参与这样的有偿陪酒活动。

# 拉人头发大财的传销是怎么吸引并危害到人的？

## 女孩的小心思

表姐毕业后，经同学介绍去广西找工作，上周打电话回来说她有好项目，投钱就可以发大财，让家里人打4万元钱到她卡上，过两个月会双倍打回款项。姨夫知道后觉得不妥，怀疑表姐可能是加入了传销组织，让表姐回家，但表姐不肯回来，说要赚大钱。后来姨夫报了警，经过警方解救，姨夫才把表姐带回来。

传销是个什么组织？怎么会让表姐变成这样呢？

关于传销是什么组织以及通过什么形式来危害身边的人，我先讲个办过的案例，增加感性认识，然后我们再来学习如何防范。

我办理过一个涉嫌诈骗的案件，在办理这个案件时提前介入了侦查。经过审查，发现犯罪嫌疑人雷某某是加入了传销组织被洗脑后，回到老家骗其他亲人的，这些被害人都是其亲戚且是同村的。

当时这个案件有十几个人报案，说被同村雷某某（化名，男，32岁）骗了钱。大概情况是雷某某让大家投资某新兴农业项目，还是国家秘密扶贫项目，投资4万元就可以成为“合作股东”，一年内就有100倍的投资回报。发展亲朋好友作为下线，就有分红，发展下线越多分红提成越多，呈金字塔递增，达到一定人数就升一级，提成就又提高几个点，还可以利滚利，下线越多利润越多。

根据雷某某的忽悠介绍，第一个月就开始有提成，三个月回本，以后都是稳赚了，只要有新的下线加入，作为上线都有收入。于是，加入者不断怂恿亲人发展亲人。就这样，同村乡里亲戚出于对雷某某在外发财的信任，每个人都被骗投入数万元。公安机关经过协作侦查，发现雷某某加入了外地一个涉嫌

1
我收同乡的钱全部上缴给公司了，公司按照提成返利，原来我加入了传销组织……我这样做……是违法的
2
XX公司
老同学我不会骗你！来这个公司能赚大钱！
嗯嗯！我一定去！
3
某新兴农业项目投资4万元可以成为“合作股东”，一年内就有100倍的投资回报
发展亲朋好友作为
下线
就有分红，
发
展下
线越多分红
越多
提成
4
一个月后
赚钱！
我要发财啦！让我带领父老乡亲们共同致富！
雷某某返回老家中……
5
大家一起投资！发展下线吧！
我也投！
我投！
6
公司电话怎么打不通……
还钱！
我要报警！
骗子！
还钱！
剧情需要 请勿模仿

传销活动的公司，而且是这个传销组织的一名管理人员。

抓获雷某某之后，雷某某认为他收同乡的钱全部上缴给公司了，公司按照提成返利，自己没有诈骗同乡的钱财。他坦白自己到这家公司（传销组织）工作是同学介绍加入的，在经过一个月密集上课之后，觉得可以赚大钱，在取得了传销组织头目的信任后，便回自己老家发展下线。没想到雷某某回到老家一个月后，他所在的公司就被查处了，他在老家发展的下线返利无法正常支付，然后被同乡控告诈骗报案。

这类打着“合作创业”，以“投资赚钱”的名义骗有关人员发展下线，赚取钱财，是传销的一种。

对我们来说，学习如何防范传销，首先要认清传销是什么样的组织，传销有什么样的危害，为什么国家以刑罚的形式对这种活动进行打击。

附

## 什么是传销组织?

★ ★ ★

根据我国有关司法解释，对于传销组织的认定是，“以推销商品、提供服务等经营活动为名，要求参加者以缴纳费用或者购买商品、服务等方式获得加入资格，并按照一定顺序组成层级，直接或者间接以发展人员的数量作为计酬或者返利依据，引诱、胁迫参加者继续发展他人参加，骗取财物，扰乱经济社会秩序的传销组织，其组织内部参与传销活动人员在三十人以上且层级三级以上的。”

根据上述规定，我们理解传销的三个核心特征是，一是加入资格必须交付一定金额的钱财；二是鼓励发展人员来计算报酬；三是对发展的人员形成层级。传销按照对人身自由是否做出限制分两种，一种是不限制人身自由的传销，一种是限制人身自由的传销。

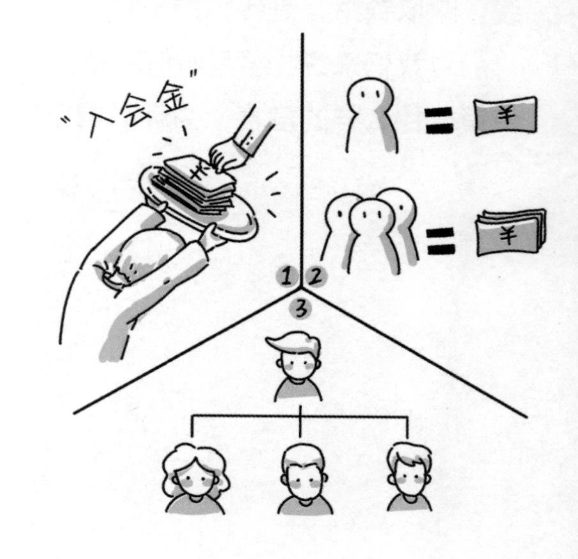

**传销活动对个人生活和社会都会造成比较大的危害。**一些加入者本来是被害人，加入传销组织被成功洗脑后，自己也变成了传销人员，成为加害者的一部分，走上了犯罪的道路。而且传销活动在进行过程中，还会衍生其他许多犯罪，严重危害社会稳定和他人人身安全和健康。

附

## 相关法律条文规定

★ ★ ★

在《关于办理组织领导传销活动刑事案件适用法律若干问题的意见》的司法解释中有一条关于罪名的适用问题，“犯组织、领导传销活动罪，并实施故意伤害、非法拘禁、敲诈勒索、妨碍公务、聚众扰乱社会秩序、聚众冲击国家机关、聚众扰乱公共场所秩序、交通秩序等行为，构成犯罪的，依照数罪并罚的规定处罚”。

从这个数罪并罚的规定中我们可以知道，传销组织常常会犯下其他罪行，而这些都是在传销活动中常常会出现的事情。

了解这些关于传销的概念、危害和相关法律规定，是为了当我们遇到一些传销活动以及传销人员的诱惑时，能够更好地识别传销、抵制传销，不误入歧途。下面是我总结的传销组织常用的几种诱骗手段：

● **不限制自由的传销一般都是以“利诱”为主要手段**。对方通常会说某个项目或者某个产品可以赚大钱，利润可观，然后还会准备好各种对此项目或产品的介绍资料，包括文字、图片、视频等，这些资料中可能会有一堆所谓名人为这个项目或产品站台、背书、说好话，还可能会附加一些官方授匾、产品获奖的图片等来增加说服力。

资料上写得越是漂亮和高大上，越需要对这个“赚大钱”的项目或产品有清醒的认识。世界上还真没有天上掉馅饼正好砸中自己的事情，假如被砸中了，估计自己就是要被宰的大鱼。

传销组织相关人员就是利用大众都想赚钱的心理，吸引人注意。但从人性上来说，真正能让自己赚钱的项目又怎么可能那么积极地怂恿另外的人加入？整个说辞不论是多么完善，只要心中保持警惕还是会发现不少疑点的。

● **对“一夜暴富”保持谨慎的态度，运用各种第三方大数据主动核实，让自己对信息真伪保持一定的辨别能力**。我们不可盲目相信对方提供的资料都是真实的，可以利用现代网络大数据去查实，比如“天眼查”等就可以查到相关公司的注册情况等，然后对比一下对方推荐的情况，就知道吹嘘的成分有多少了。对提供的相关产品、项目等也可以到有关国家官方平台进行核查。

● **对过分热情邀请你赚钱的这类人，保持常规警惕。**一个已经被成功洗脑加入了传销组织的人，必然会发展自己的下线，而其一针对的对象也首先是身边的亲朋好友。对于其讲述的赚钱方法和思路，要对照传销组织的三个核心特征进行“对号入座”，特别是对方强调自己不是传销，是合法直销企业的时候，更要打起十二分精神，不要因为对方是自己的亲朋好友就马上相信对方的说辞，大胆推测（传销），小心求证（核查对号入座），是可以很大程度上预防被骗加入传销组织的。

● **除了以投资赚钱诱骗人参加的传销组织外，还有常常打着招聘、介绍工作、加盟创业等的名义进行诱骗的传销组织。**特别是一些刚刚毕业想找工作的年轻人，更要擦亮眼睛、理智思考。

这类传销组织因为限制人身自由并且有一定暴力性，一般刚加入都会比较容易识别，而正因为容易识别，所以这类组织对新加入者的人身限制比较严格，对他们的伤害程度更加大，危害后果也更加严重。

● **要特别注意识别“熟人”介绍工作，防范重点放在“熟人”主动介绍去外地（特别是外省）工作的情况。**因为诱骗相关人员搭车到人生地不熟的外地，往往是这类限制人身自由的传销组织常用的一个手段。他们一般不欺骗本地的人员加入，因为容易被人发现、解救，绝大部分是针对外地（特别是外省）的一些亲人朋友，诱骗过来之后容易控制，然后再集中安排对其洗脑。

● 要警惕那些很久没联系又突然联系你，还主动宣称“自己发财”了的“亲朋好友”。他们一般会先介绍自己做了一些大项目、大生意，然后有意无意地说出自己公司正招人等，并且宣称公司在外地（因为在外地比较难核查），有很好的工作机会，最后就是邀请你应聘加入。亲爱的女孩，这个时候就要特别小心了，千万不要被对方抛出的“诱饵”勾住了。

● 遇到“网友”要求你去他或她所在的城市（一般也是在外省）参加招聘或者加入其所在公司，也不要盲目就去。同样需要了解核查清楚，可以通过诸如“天眼查”等第三方平台去核查一下该公司的情况，研究一下“网友”提供的信息是真是假，多留个心眼才能预防误入传销窝点。

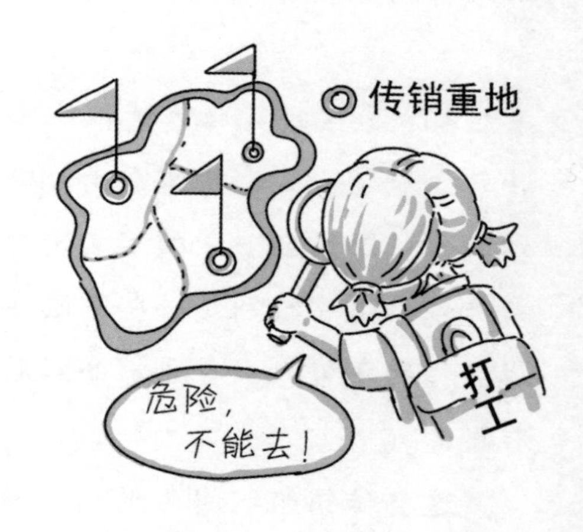


网络上对传销活动比较严重的省份及地点是有进行曝光的，当对方提出的要去的地方正是和这几个地方重叠或者位置比较靠近时，更需要特别警惕。不要因为对方是曾经信任的“熟人”，就完全相信对方。对相关情况多做了解，多做对比，当感觉对方搪塞时，就更要保持警惕，拒绝孤身前往。

# 已经被骗加入了传销组织，如何脱险？

## 女孩的小心思

和同学在讨论一个传销热点新闻的时候，大家提出一个问题就是：传销组织要发展下线，重点是给人洗脑。如果被限制了人身自由还怎么保持清醒不被洗脑？假如能够保持清醒不被洗脑，又该怎么逃出来？

在正常的社会交往中，亲朋好友之间知根知底，一般是不会想着要欺骗对方的。但假如是传销，肯定会有欺骗。我曾经听同人讲过一个关于他家亲戚被骗加入了传销组织的事情，就是轻信了好朋友，后来经过千辛万苦才逃出来。

他亲戚家里经济条件一般，全家齐心协力一起供孩子晓茗（化名，女，23 岁）读大学，全家指望晓茗读完大学以后工作赚钱，家里就可以过上好日子了。

晓茗大学毕业后实在不好意思继续向家里要钱生活，急需找份工作。就在这个时候，晓茗高中一个好友小荆（化名，女，22 岁）联系到她，说她目前在某省某市，那里正在招工，待遇好，有发展前景，等等，让晓茗赶快买火车票去某市。

晓茗出于对好友的信任，于是向家里要了一千元后就去了某省某市。晓茗到达火车站后等了一两个小时，小荆和另外一个自称黄姐的人来接站，小荆解释黄姐是公司的老员工，一起来帮忙接新人。

晓茗被带到一个老旧居民区出租屋，发现里面一套三居室住着近二十人。到了出租屋后，晓茗的手机就被黄姐收走了，说晚

我是高中的小琪！我目前在X市XX公司，来X市跟我们一起干吧！
我现在就去买火车票！
X市火车站
叫我黄姐就行！公司派我来接你！
剧情需要 请勿模仿
手机上交哦！
这一屋得有二十人吧！
原来是传销！
一星期后
好吧
再这样下去会出人命的！
让她走吧！
不让我走，我就绝食！
我要报警！我要回家！

上要统一保管，晓茗虽然觉得不太妥，但还不知道这是什么情况。

过了一个星期后，晓茗就完全明白这是一个传销组织了。传销组织每天要求大家上课做笔记、喊口号等，统一作息、吃饭，不可以随便外出，分组升级才有外出机会，外出时也一定有两个组长跟着，人身自由也受到限制。

晓茗找到小荆，吵着要离开，这当然是徒劳的，传销组织不可能轻易让你走。因为晓茗不太安分，就被单独关到一个房间做思想工作，晚上又有另外的人来劝晓茗，以期强化洗脑效果。晓茗不为所动，并试过许多方法逃离，但都没有成功。

后来晓茗采取了绝食的方式，眼看就要出人命了，加上小荆也向她的主管黄姐求情，最后才放了晓茗。晓茗出来之后报警并联系家里人离开了某市，后续没有再关注该传销组织是否被捣毁。

国家一直严厉打击各种传销组织，但每年还是有不少涉世未深的年轻人加入，传销组织也如同小草一样“野火烧不尽，春风吹又生”。那么，假如万一被骗已经进入了传销组织，我们又该如何预防被洗脑，逃出传销窝点呢?

我们不希望自己误入传销窝点，特别是误入限制人身自由的传销窝点，但万一误入，当我们还没有被洗脑的时候，要尽量保持警惕，寻找机会自救。

自救策略需要当事人在还能够保持对传销的警惕心和清醒的前提下，才会有用。所以，防范传销有一点很重要，就是需要我们对传销的洗脑活动和课程有所了解，在思想意识和心理上提前有所准备，才能有效抵制被洗脑。

传销组织不论是否限制新加入人员的人身自由，都会对新加入人员进行“培训”，这个培训过程就是不断给新加入人员洗脑的过程，一般分三个阶段。

### 洗脑第一阶段

通常在最初的几天里，有其他传销人员不停地向新入人员示好，或以身说事，主要目的是让其感觉同伴环境友善，从而放松戒备心理，之后会利用群体的活动、互动，渲染他们的传销模式如何好，先让新入人员认同。

## 洗脑第二阶段

让新入人员开始上课，并且上课环境是全封闭的，每天的时间安排得非常满，让传销相关内容的信息短时间高强度地输入新入人员大脑，他们还会排除干扰，让新入人员根本没有时间接触到外界其他信息，也没有空闲时间可以独立思考。

在上课过程中通常会反复重复课堂激情训练，比如喊口号、宣誓、重复肢体动作、成功人士分享、造神活动等，目的是让新入人员失去理性思考，受情绪支配，眼里只有一厢情愿的发财梦，逐步煽动情绪让新入人员陷于狂热状态，深信这个传销模式是可以让自己幻想成真的。

同时，在这个过程中，利用群体环境的影响力，改变人对成功、道德、伦理等的正常认知，对一些价值观开始有些许扭曲的看法，为传销项目披上合法的外衣，模糊法律界限，让人对自身安全放心。

## 洗脑第三阶段

一般是改变新入人员的一些常规正常认知，让新入人员对欺骗他人加入的行为有新的颠倒性的认知，会把谎言欺骗说成“善意的谎言”，是为了给亲朋好友带来生活的希望，是为了他们能有美好的人生，认为对方即使刚开始会不太理解，但最终会感谢他的。这样的认知会导致传销人员认

为欺骗他人是正当的，内心全无正常人会有的内疚感，然后会放弃原来的道德，不择手段拉人加入。

一些人一旦被传销组织成员成功洗脑，就会变得非常执着，这个时候根本不需要什么限制人身自由，他们自会主动变成传销组织的积极分子，从而走上犯罪道路。

了解传销组织洗脑的过程，有助于我们在万一遇到时提前做好心理上的防范。

在我们保持警惕心的前提下，第一重要的仍旧是保障人身安全。假如被欺骗进入了传销组织，在这个封闭的环境下，轻易不要正面和传销组织的领导成员发生暴力冲突，因为这个时候个人的力量处于绝对劣势，而是需要保持警惕心，寻找机会报警或者向家人发出求救的信息和信号。

当意识到自己可能已误入传销窝点后，尽可能先隐藏好自己的身份证、银行卡、现金、手机等重要物品，能藏多少是多少，尽量藏在不同

的地方，为以后寻找逃离的机会做准备。

假如手机或银行卡等重要物品已经被强行拿走，那就寻找借口要回手机，即使是在监督下操作手机也是可以寻找机会发出求救信息的。举个例子，当对方要求取钱或者转账时，可以趁这个机会，在手机上操作，故意输错密码，让银行卡被锁住等，乘对方不注意发出求救信息后再删除。在这种情况下，想办法拿到手机，才最有可能找到机会发出求救信号或信息。

即使暂时没有机会，也要留意自己所处位置的周围环境，牢记附近的标志性建筑，留意经过的街道名称、门牌号码、小区名称等关于位置的准确信息，并牢记在心底，一旦有机会就可以将这些重要信息传递出去。

准备一些身上可以收藏好的小字条，写上关键求救信息和联系人方式，在外出的时候乘人不备，尽可能丢到有人看见的位置，增加求救机会。

观察窝点其他人员，假如表面配合可以带来比较宽松的看管，可以假装配合。

根据具体情况寻找可以外出的机会，即使是在其他人的监控下，只要离开传销窝点，出逃机会就会更多一些。

假如可以外出，不方便直接求救，可以尝试寻找机会破坏他人物品，被破坏的物品越贵重，越有机会被人拦下要求赔偿，这时可以见机行事，促使对方报警，警察来处理就是最好的自救机会。

在任何情况下，一旦获得出逃机会，第一时间报警是最好的选择。

# 伤害身体的捐卵，危险有多大？

## 女孩的小心思

我的一个朋友提前辍学在外打工，过年回家时好像突然发了大财一样，后来我问她是做什么赚钱的，她丢给我一张小广告，上面写着“不孕不育夫妻，生活无忧，高价求卵”。我不太懂，问她是怎么一回事，她说自己只是长得好看，没什么文凭，假如学历再高点，自己的卵子还可以翻倍卖。

我这才明白，原来她卖自己的卵子给不孕不育的人生孩子。这是合法的吗？有危险吗？

亲爱的女孩，首先强调一点，在我国买卖卵子肯定是违法的。国家卫生健康委（原卫生部）出台的《人类辅助生殖技术和人类精子库伦理原则》中规定：“供精、供卵只能是以捐赠助人为目的，禁止买卖，但是可以给予捐赠者必要的务工、交通和医疗补助。”

买卖卵子不光是违法，相关人员还可能涉嫌犯罪，而且取卵子对于女孩身体的伤害还是巨大的。

我曾经听同人讲过一个非法行医的案件，里面就涉及出卖卵子的事情。

这起非法行医案件，是关于一个女孩在黑诊所做取卵手术的时候，出现异常紧急情况被送往医院抢救，因故未能抢救过来的案件。

经过调查，女孩晓晶（化名，女，19 岁）在做手术前，被中介安排住在预先准备的别墅里，打促排卵针，准备取卵。原来晓晶答应卖自己的卵子，取卵是 2 万元，最后价钱是根据取卵数量来算，达到某个数量以上，每多取一个就多给 1000 元。

晓晶在别墅住着，每天打促排卵针，等医生过来做手术取卵。后来她感到腹部胀痛，医生说是正常现象，打促排卵针，是会出现腹部有胀痛的情况，于是晓晶就没有在意。

真有这么多钱吗？
嗯嗯，取卵给2万元！
我卖！
一会儿要进行取卵手术了！
现在打今天的排卵针！
好的……
正常现象，你忍忍。
医生，我腹部好痛啊！
麻醉有问题！要出人命了！还是送医院吧！
快抢救！
医院
黑诊所
剧情需要 请勿模仿

直到取卵手术过程中，因晓晶感觉特别疼痛，就使用了麻醉药，但在麻醉过程中出了问题，后来一看情况非常危险，在场相关人员才送晓晶去医院紧急抢救。

…”

亲爱的女孩一定要对此有清醒的认识，决不可为了钱做出违法的事，给自己带来严重的伤害。

对于买卖卵子，我们该有怎样的认识呢?

女孩子必须了解，买卖卵子在我国是严格禁止的，是违法活动。一旦被揭发抓获，女孩也是要承担违法后果的。通过现代医疗技术人工取卵的合法性，仅限于部分人结婚后因各种原因无法自然怀孕，又想生孩子，通过提供合法手续给有资质的医院，在医院里进行一系列的医疗活动，其中一个环节是人工取卵，属于为合法夫妻生孩子所做的辅助生育医疗活动的一部分。

人工取卵对于无法正常生育的合法夫妻来说，是不得已而为之的医疗选择。在做合法辅助生育过程中人工取卵，对女性的身体也是有非常大的伤害的。

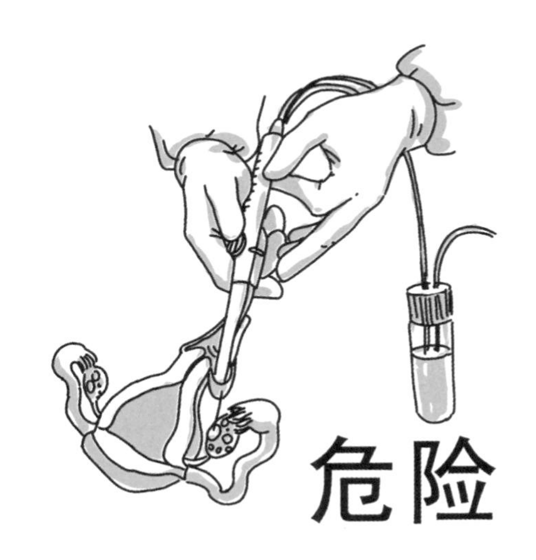


打促排卵针，利用激素非正常干扰女性卵巢的工作，让卵子更多提早成熟，本来对身体就有一定伤害，而

且在这个过程中还伴随着身体对药物可能出现的异常反应，所以在正规医院做也是需要定时监测的，以确保生命安全。在其他没有合法资质的非正规机构或场合就更不用说了，取卵风险可能直接危及生命。

还有一个对女孩身体更大的风险是，外部药物正常剂量已经对卵巢进行了干预摧残，卵巢存在加速衰老风险，而黑中介往往为了获取更多卵子，还常常超剂量使用激素刺激卵巢，被超额催熟卵子的卵巢，破损的风险非常大；另外取卵过程中假如不慎，也非常有可能导致卵巢感染或破损，最后可能会导致被取卵的女孩自己终身不孕不育。这些风险，利欲熏心的中介是不会如实告诉女孩的。

随着现代不孕不育的情况增多，在利益的驱动下，加上有市场需求，有些利欲熏心的人动起了买卖卵子的歪脑筋，某些医生也加入了买卖卵子的黑产业链。买卖卵子是国家明令禁止的，所以相关的一些医疗活动都不可能在正规医院去进行，而只能在非正规的黑诊所、黑窝点进行。这些地下黑诊所、黑窝点，连基本的消毒、医疗条件都不能保障，对女孩进行诸如打促排卵针和手术等创伤医疗活动，存在的风险更大，常常危及生命。

因为市场有这部分需求，催生出一部分人为了钱专门做中介，满足一些人愿意花钱利用非法手段生孩子的愿望，然后就开始招揽利诱一些年轻女孩出卖自己的卵子。这类中介往往会故意隐瞒一些对身体的伤害风险，故意说对身体以后没有影响等，以欺骗的形式来利诱、怂恿女孩出卖卵子。而一旦女孩答应之后，在一段时间内就会被限制人身自由，被圈养起来专门为取卵做准备，这个时候女孩即使后悔也迟了。

根据国家卫生健康委（原卫生部）发布的《人类辅助生殖技术规范》中规定“每位赠卵者最多只能使 5 名妇女妊娠”。而黑中介为了多卖钱，出卖卵子时根本不会理会供卵数量的伦理规定，这也是这种违法买卖的风险之一。

钱财是身外之物，生命健康才是自己的，女孩实在不应该为了钱而犯险。

# 不当的减肥方式，危险有哪些？

## 女孩的小心思

朋友对身材很在意，却爱吃还不爱运动，加上又是易胖体质，她尝试了各种减肥方法却效果甚微，反弹还很快，直说闹心。

不过最近听她说，一个微商推荐了一种泰国进口的减肥药，吃了减肥药后，不用吃什么东西还感觉人很精神，体重很快就降下来了，效果非常好，不过她发现自己如果偶尔忘了吃这个药时，会觉得不太舒服。后来那个微商突然不见了，据说涉嫌贩毒被抓了。

她很疑惑“减肥药”是怎么变成“毒品”的。

非法走私进口的减肥药常常含有违禁成分，这个违禁成分就是我国管制的一类或二类精神药品，相当于新型毒品。我在外学习的时候，曾经听公安厅的有关同志介绍过一个案例，是关于走私泰国网红减肥药（Dermcare Clinic）的案件。

这起案件是公安机关破获的一起走私案件，海关查获了一批泰国减肥药，相关人员一部分被抓获，一部分在逃。

犯罪嫌疑人冯某（化名，男，35岁）自己做进出口贸易公司，因为生意不好做，知道泰国网红减肥药在国内很有市场，于是通过私下渠道认识了一名泰国人后，密谋走私泰国网红减肥药，利用自己的进出口贸易公司走私，在报关物品中私藏大量泰国网红减肥药，后被海关查处。

据公安机关干警介绍，泰国网红减肥药含有我国管制的安非拉酮、芬特明等精神药品成分，实际上属于“新型毒品”。

人身安全

Dermcare
泰国网红减肥药很有市场，偷偷搞来赚点钱！
萨瓦迪卡！咱们商量下怎么搞点减肥药……
剧情需要 请勿模仿
Dermcare Clinic
你敢走私违禁品？都抓起来！
安非拉酮
芬特明
泰国网红减肥药(Dermcare Clinic)含有我国管制的安非拉酮、芬特明等精神药品成分，实际上属于“新型毒品”。

对此我查阅了相关资料，“安非拉酮”主要刺激人的下丘脑的神经中枢，使人有饱腹感，可以控制食欲，从而减少食物摄入量，达到减肥的目的，同时会提高身体兴奋度，容易出现莫名的情绪波动或者失眠等情况，让人误以为精神很好。

“芬特明”是作用于动物的拟交感神经，以控制食欲或者镇静作用，而随着服药剂量增加，会出现认知和精神障碍的情况。

这就是“网红减肥药”成为“毒品”的原因。一些标榜不用节食、不用运动，轻松减肥效果好的药物常常违规添加违禁药物成分，我们要提高警惕。那女孩想减肥具体该怎么做呢?

女孩对身材的焦虑明显比男孩要高，不论是真正需要减肥的女孩，还是只是自己认为需要减肥的女孩， 在减肥这件事上都孜孜不倦，屡战屡败，屡败屡战。而商家为了扩大这个市场，也是不停地在贩卖以瘦为美这种焦虑。女孩对减肥的执着似乎变成了一件再普通不过的事情。当女孩想要减肥时，必须要避开一些危险的坑。

**第一，要对吹嘘“不节食、不运动，轻松减肥效果好”的任何减肥药提高警惕。**案例中泰国网红减肥药含有我国管制精神类药品是其中一种，除此之外，还有其他名称的减肥药也会添加违禁药品，只要宣称不需节食、不需运动但减肥疗效好的，都必须打起十二分精神加以警惕。要特别留意减肥药包装上的成分，假如没有标明相关成分，更要提高警惕是否属于走私或者违禁品。假如宣称是正规减肥药，也需要对于其中的有效成分认真查阅对比，看看是否有违禁药物成分。另外尽量不要网购没有批号的减肥药及其他药品。

国家对药品是严格管制的，每一种药品都有批号，是“药”字号，而很多减肥药外包装却是保健品，以“健”为号，虚假宣传，然后在减肥药里违规添加违禁药品，一定要小心谨慎。

我不建议女孩使用药物减肥，任何宣传减肥疗效好的药物都是有损身体健康的，有些可能含有泻药成分，有些还可能添加了管制“精神类药物”（属于新型毒品主要成分）。因为不添加违禁成分，减肥效果根本不可能这么明显，而一旦长期食用这些减肥药，不但会给身体带来极大损伤，甚至还可能染上毒瘾。

**第二，避免一些极端饮食减肥法，比如辟谷断食、生酮饮食减肥等。**这些短时间内让人体重急剧下降的方法本来对身体就存在一定危害，而把握不好还容易诱发身体其他重大疾病。比如曾经炒得很火的生酮饮食减肥，根据查阅相关资料显示，生酮饮食在临床上一般是医生针对糖尿病、神经系统疾病、癫痫等疾病的治疗，连医生都谨慎使用。而网络上一些人宣称生酮饮食减肥可以帮助一般人群减肥，事实上这类方法减肥效果一般，除去虚假宣传不说，还隐瞒了可能会造成血管更容易血栓，诱发心血管疾病的风险。

**第三，要建立正确减肥的认知——“管住嘴、迈开腿”。**身上的肉不是一口吃成的，所以减肥也不能要求立竿见影的效果，这是违背常规的，违背常规的事情往往都蕴含着巨大风险。

身体健康是第一位的，在保证身体健康的前提下，注意合理健康饮食，保持适合自己的运动量，坚持下去，才是对减肥正确的认知和做法。

# 第四章

# 出门在外，防盗防抢防拐卖

# 在人多拥挤的公共场所，如何防盗？

## 女孩的小心思

春节期间和朋友相约去游乐园玩，我从长辈给的红包中拿出 300 元放在大衣口袋里，就坐公交车去了。可是到游乐园后发现钱不见了，回想一下应该是在公交车上人多拥挤，被小偷乘机扒窃了。钱不多，报案麻烦，小偷估计也找不到，所以没去报案，只好自认倒霉。

被扒窃的时候都没任何感觉，该怎么防范啊？

亲爱的女孩，虽然你被扒窃只丢失了少量的钱，但扒窃不是无关紧要的治安案件，而是涉及刑事犯罪的刑事案件。

我曾经办过一个系列盗窃案件，就是几个犯罪嫌疑人时分时合利用人多嘈杂的环境，互相打配合进行扒窃的案件。

犯罪嫌疑人王某冈、王某雄、谭某天、谭某强（均是化名，男，成年）纠集在一起时分时合，按照某地乡镇圩日（集市）时间，乘坐公共汽车，流窜在不同乡镇之间盗窃，并主要是进行扒窃。

一般情况是谭某天、谭某强在人多时故意弄出动静，吸引他人注意，王某冈、王某雄实施扒窃，有时根据情况分工会有所不同。王某雄也会去做吸引他人注意力的动作或事情，然后其他人见机行事，看准目标实施盗窃。一旦得手，马上逃离，所以往往是被害人发现被盗后，犯罪嫌疑人早就离开了，这是导致破案率不高的原因之一。

这个系列案件，根据犯罪嫌疑人的供述，他们时分时合作案共有 30 多起，但实际上报案和寻找到被盗当事人的案件，只有 9 起。很多被害人因为被扒窃的钱财金额不大，或者嫌麻烦而没有报案，这也是导致扒窃犯罪破案率不高的原因之一。

1
乡镇好日期间
是扒窃最好的时候。
2
两人故意弄出动静，吸引他人注意……
你找打么！
你有病啊！
3
其他人看准目标
实施盗窃。
那边怎么了？
偷~
4
啊！！
我东西被偷了！
是谁啊！
啊！
我也是！
我也被偷了！
5
作案多起，
但盗窃金额不大，
少有人报案，
导致扒窃犯罪
破案率不高……
剧情需要 请勿模仿

认定一个人涉嫌盗窃犯罪，需要证据确实充分。当一个盗窃刑事案件，只有被告人的供述，没有其他任何证据，比如被害人没有报案，也没有赃物被查获，司法工作人员即使内心相信他供述的扒窃经过是事实，但因为证据问题，也无法认定。

我们出门在外，又该怎么防范扒窃呢？假如遇到扒窃这种事情，又该怎么处理呢？

近年来，随着电子支付的普及，使用现金的机会越来越少，扒窃案件发案率也随之减少，但随身一些财物被扒窃的情况仍然时有发生。

我们通常都能理解“盗窃公私财物，数额较大的”是构成盗窃罪的一个条件，数额巨大或特别巨大是量刑分档上的根据。这个数额根据相关司法解释规定，“盗窃公私财物价值一千元至三千元以上、三万元至十万元以上、三十万元至五十万元的”，应该分别认定为刑法第二百六十四条规定的“数额较大”“数额巨大”“数额特别巨大”。

不过，因为《刑法修正案（八）》的修订，增加了入户盗窃、携带凶器盗窃、扒窃成立盗窃罪的规定。这几种行为对盗窃财物没有立案数额的要求，也就是说只要实施了这样的行为就构成了“盗窃罪”。

所以说“扒窃”行为（即使财物金额很小）不是无关紧要的治安案件，而是构成犯罪的行为。“打击犯罪，人人有责。”作为一个普通公民，都应该积极报案，为社会治安和谐稳定尽一份责任。

女孩出门在外，防范扒窃除了是为了保障财物安全之外，也是为了保障人身安全。《刑法修正案（八）》对“入户盗窃、携带凶器盗窃、扒窃”构成犯罪的修改，是因为这些行为不仅仅是侵犯了大家的财产安全，同时也会对人身安全造成威胁和伤害。如何加以防范呢?

●**女孩出门在外，对随身携带的一些物品必须要有意识地规划保管好。**出门之前，现金最好分两部分，可能会用到的零钱放在衣服口袋中，方便取出放回；另外一部分大额现金计划备用的，可以和银行卡等重要物品放在一起，比如集中放在钱包里，贴身放在身上或者手提袋里。

●**扒窃者习惯去人流多的公共场合作案。**女孩需要乘坐公交车、地铁等公共交通工具时，尽可能只从备好的零钱口袋里取钱和放钱，尽量不要在人员众多的公共场合，随便拿大额现金出来清点。

俗语讲“出门在外，财不外露”，其实就是提醒我们，在公众场合什么样的人都可能遇到，其中就包括一些正在寻找盗窃对象或者临时起意盗窃的坏人，你的“露财”行为，其实就是给到一些人信号——“这个人有钱，有机会可以下手”。确有需要使用钱包，也应先左右观看一下，稍微侧一下身体，遮挡一下，快速拿出一点现金即可。

●**扒窃者还喜欢去一些商场、游乐场、餐饮店等人流密集的地方作案。**在人多时，女孩更要看管好自己的手提包或者背包，必须把它放在自己胸前的位置，也就是要放在眼皮底下。

千万不要把背包背后面，或把手提包侧挂旁边，然后自己就开始刷手机。常常是你在低头看手机时，扒窃者就在你身边下手了。另外当你被某个表演或者声音吸引的时候，在你转头之前，要养成把随身包包往胸前一抱，再把头转过去看的习惯。

● **发现被扒窃后，可及时向所在地辖区派出所报案**。大多数情况下，发现被扒窃时，扒盗者可能已逃离了现场。少数情况下，扒窃者正在实施扒窃时可能被你发现了，这时需要你保持镇静，以淡定有力的声音呵斥他，相信语言是有威力的，绝大多数扒窃者会主动逃离。

假如遇到极少数强行拉扯财物的人，需要你用响亮的声音大胆求救，因为这类扒窃事件基本上都是发生在公共场合，周围的人围观过来就是对你的支持。

● **不论是哪种情况，最后都建议去所在辖区派出所报案，即使暂时可能破不了案，也是促使公安机关加大打击力度的一份力量**。因为一个地区扒窃案件发案率多少，是考核一个地方治安情况的标准之一。所以报案的人多，自然会促使公安机关对区域治安多增加警力，来降低发案率。从另外一个角度来说，主动积极报案也是我们自己在为安全和谐的治安环境贡献自己的力量。

2

# 假如发现被人跟踪了，该怎么做呢？

## 女孩的小心思

有一次晚上自习课后，我和同学在路口分手，一个人往家走，走了一半感觉好像有个人跟着我，眼看似乎又要下雨了，于是我赶紧小跑起来，然后那个人也跟着跑起来，吓得我撒腿狂奔，一直跑到小区保安亭才停下来，然后那个人也跟着跑过来。保安朝着我和他打招呼，我回头一看，原来是邻居林叔叔。

这次是虚惊一场，不过假如真的被人尾随跟踪该怎么办呢？

亲爱的女孩，假如真的被人跟踪，还真是要根据实际情况，机智迅速反应才可以脱离危险。我曾经听朋友讲过发生在她亲人身上的一件事情。我们把当事人叫作晓婉（化名，女，20 岁）吧。

晓婉曾经被人尾随抢过手提袋。有一次晓婉在人行道靠近自行车道边走路边打电话，然后被人尾随，先是一个人走路靠近晓婉，然后猛地抢走晓婉的手提袋，随后马上有另外一个人开一辆摩托车过来接应，两个人一起逃跑了。

晓婉当时只顾着自己打电话，没有发现有人尾随，还没反应过来，手提袋就被抢走了。虽然后来报案了，可惜一直没有破案。

晓婉自己事后回忆，说自己被抢时完全懵圈，她对抢夺手提袋的人长什么样子、有什么特征、开什么摩托车完全没有印象，也描述不出来。

晓婉被抢后吸取了教训，不再边走路边打电话了，也会留意一下身边的环境，平时一个人走路也会警觉许多。

后来又有一次晓婉去逛街，她的手提包斜挂在自己肩上，走着走着，感觉好像有人尾随。因为之前有过被抢的经历，所以她很快意识到后面的人正在有意跟随自己。

晓婉有了觉察后，就假意停下来四处观望，用眼睛的余光留

1
啊，我的包！
拿来吧你！
2
你还记得劫匪的长相吗？
完全没有印象了。
衣衣
3
那人好像在跟着我呀。
4
那人……走没走呢？
5
半小时后
那人应该是走了吧？
衣衣
剧情需要 请勿模仿

意了一下自己怀疑的人，发现他也停下来拿出电话，做出打电话的样子。晓婉马上决定不管是否真的被人跟踪，都要想办法脱离这种状况。她迅速从街道马路上转进入一家临街卖衣服的商铺，然后在商铺试衣服试了半个多小时才出来，等确定尾随她的人走远了之后才离开。

吃一堑长一智，晓婉经历被抢后，明白了要机智地保障自己的人身安全。女孩子假如感觉被人尾随，该怎么做才能有效脱离危险呢?

在一些治安不好的环境中，女孩单独一个人时，非常容易成为心怀不轨的人尾随的目标。这样的坏人有可能是出于抢劫财物的目的，也可能会是出于侵犯人身权利的目的。

不论是哪一种情况，第一个重要理念就是：在任何情况下，首先要考虑的是人身安全！女孩也要提前懂得一些技巧，在发觉被尾随的情况下灵活运用，是可以极大提高我们脱离危险的概率的。

**首先，女孩单独外出时，不论是在热闹人多的环境中，还是在僻静人少的环境中，都切忌只顾低头玩手机。**因为当我们只顾看手机时，对周围环境就少了许多了解和觉察。假如对周边环境完全没有觉察，当危险靠近时，一点警觉心都没有，即使我们学习过应对技巧，也基本上是来不及用上的。

● 假如是身处在热闹人多的街区、公共场所，女孩感觉好像有人尾随跟踪时，一般有两种情况：一种情况可能就是你的感觉错误，那个人根本没有跟踪你；另外一种情况可能真是有心怀不轨的人跟踪你了。在热闹人多的环境中，图财的意图会比侵犯人身

权利的意图概率更大一些，这个时候马上撒腿就跑是好的策略吗？不一定！

这个时候，我们要保持轻松的脚步，同时做个突然停顿，深呼吸一下，平复一下自己狂跳的心脏，然后环顾四周，把眼睛和听力重点放在你感知的目标方向，注意身后的脚步声，感知一下这个脚步声和你的距离有多远,这个很关键！这是我们采取策略的一个关键因素！

假如感知脚步比较远，那相对就有更多的时间和空间，让我们可以观察确认得更清楚一些，可以冷静地选择自己更熟悉安全的地方躲避，再进一步寻求他人帮助。

假如感知脚步比较近，又感觉自己心口的焦躁情绪压过来，那就马上转进你能进入的最近的一个光亮空间！比如可以进去的商铺、保安亭等，尽快进入一个相对封闭并且持续有人活动的空间，是帮助摆脱尾随危险非常有作用的一个策略。

● 假如是身处在偏僻人少的环境中，女孩感觉有人尾随跟踪时，一般会更紧张，绝大部分的人身体会不由自主地进入一种警报状态：马上狂奔！这会是最好的策略吗？也不一定！

这个时候首要的仍旧是保持冷静和警觉，因为当你不顾一切狂奔的时候，其实就非常容易忘记了自己所拥有的优势条件。冷静和警觉才是我们可以观察自己所处的环境、正确选择最佳方案摆脱危险的关键！想想周围有哪些可以利用的条件能帮助我们摆脱尾随危险，即使是狂奔，也需要有目标,比如我们知道的门卫位置和方向,或者有光亮的地方！心底有了目标，狂奔才有效。

**另外，狂奔时，不要喊“救命啊”，要喊“救火啊”。**

之所以再三强调这一点，是因为听到有人喊“救命”，一般人的第一反应是回避，因为对于危险的恐惧是人的天性，需要等理性控制住了恐惧，还要评估一下这个危险自己是否能克服，才会产生勇气，具备勇气后才会出手援助！

然而，我们所处的“险情”是非常危急的，并且只需要有人出来观望，一般情况下就可以得到化解！当我们喊“救火啊”时，听到呼救的人一般都会马上顺着声音的方向出去察看一下，这时，我们的“险情”也就基本得到解除了。在我们安全之后，可以马上报警和通知家人。

# 被抢劫的“霉头”，该如何破防？

## 女孩的小心思

听我朋友讲，她倒霉透了，上半年被人抢夺了一次手袋，好在袋子里面没什么钱也没放证件，零碎用品不值钱，就没去报案。没想到这次去逛街又被抢了手提袋，袋子倒也是没什么特别值钱的东西，但这次有两个证件在袋子里，一起被抢了。证件要去挂失补办，很麻烦。真不知道走了什么霉运，怎么总是会遇到这样的事情？

亲爱的女孩，在我的工作实践中，倒是没有亲自办理过同一个被害人被抢两次以上的案件，不过曾经听一个公安老前辈讲过一个被害人奇葩的倒霉经历。

晓黄（化名，女，20岁左右）和朋友约了逛街，朋友骑摩托车来接她一起去步行街。在逛街的时候，晓黄口袋的零钱就被人扒窃了，因为钱不多，所以也就没想要去报案，打算等中午吃点东西后继续逛街。没想到吃东西的时候，她的手机又被人给偷走了。这下她没心情吃饭了，和朋友商量去派出所报案。

两个人本来想骑摩托车去派出所，但她朋友突然想起摩托车还没上牌，担心无牌车骑到派出所有麻烦，于是两人商量走路去，因为派出所离步行街不远，走路大约20分钟路程。

晓黄和朋友一起走路去派出所，在横穿一个路口的时候，一辆摩托车经过她们身边，摩托车由一人开车，另外一人乘人不备把晓黄的手袋也给抢走了，还差点把晓黄拉倒在地。晓黄愣在那里，还没反应过来，对方就不见人影了。晓黄只好哭着和朋友去派出所报案。

剧情需要 请勿模仿
1
偷钱
2
偷手机
3
我摩托车没上牌，我们走去派出所吧。
好！
4
啊！
5
警察！
我们要报案！

老前辈讲这个事的时候，我还只是以为这个人就是个倒霉蛋，后来老前辈还说了一句话：“有时候啊，一个人的精气神还真是特别招惹人下手的。”当时我不是很理解这句话，直到后来，我看到一项研究，才明白这句话是有道理的。

一个人什么样的精气神会成为招惹人下手的对象呢？该怎么预防呢？

一个人连续被扒被抢的是极少数个案，但这类“容易被下手的被害人”有没有什么共同的地方呢？这是值得思考和研究的问题。美国一位社会心理学家（贝蒂·格雷森博士）的一项实验和研究，发现了一个令人震惊的现象。

这位社会心理学家设计了一个实验：先是让人站在一个大城市的街头，该人身上藏着摄像机，每隔 7 秒就摄录一名从街上随意走过的行人，共录制了几百个人。然后，把录像视频带到某个监狱，放给十几名曾经实施过财产暴力犯罪的犯人看，请他们就录像中每个行人遭受攻击的可能性（即作为抢夺或抢劫的吸引对象）来发表自己的意见，观看时间是 7 秒。因为根据调查，预谋犯罪者在寻找对象实施抢劫、抢夺或强奸等暴力犯罪时，只需要 7 秒就可以决定是否下手。

最后这个实验的结果非常令人震惊。被这十几名犯人标记为“容易下手的抢夺或抢劫对象”的人，不是之前预计的年纪比较大的或者看起来瘦小的人，反而更多的是一些年轻人。后来这位社会心理学家对这类人的动作做了实验分析，发现这类人都有几个共同的动作特征：

一是他们走路的步子很夸张，不是太大就是太小；二是他们走路动作不稳健不大方，每跨出一步都小心翼翼，迟疑不决，好像怕踩中蚂蚁一样；三是走路时左右手的摆动和步子不协调；四是走路时上半身晃动比较厉害，和下半身不协调；五是手臂和脚的动作似乎受到外界制约，很僵硬、不自然。

而被十几个犯人标记为“不想对这个人下手”的人在走路时都是干净利索，有条不紊，动作协调的。

事实上当我们充满自信，昂首挺胸时，给人的感觉就是充满力量的，从另外一个角度来说，就会降低遭受攻击的可能性。而看起来充满自信和力量是可以通过纠正站姿、坐姿、走路抬头挺胸来做到的。

当我们注意力涣散，被其他事物吸引时，走路的步伐就会自然放慢许多，或者注意力集中在某个紧急事项时，步伐会特别快，看起来就不够稳健。还有假如我们是边走边翻看包包、边走边塞着耳机听音乐或者边走边看手机等，做这些分散注意力的事情时，可能某个7秒内，就让你成为“容易下手的对象”。

我们大部分人对环境潜在的危险信号是有一种直觉反应的，比如在行人稀少的街道，看到某个若隐若现的人时，自然会汗毛竖起，不寒而栗；或者在某些过于安静、阴森的场合，能马上隐隐约约觉得不对劲。面对这样的情景，我们要提高对危险环境的警惕性，要让大脑保持清醒有活力。

有科学研究表明，无论坐着、站着还是走路，保持挺胸放松的姿态，会给人一种高大的感觉，不仅感觉比实际更高大，而且还可以让大脑的氧气容量增加30%。这意味着人的感觉会变得更加灵敏，也可以提高人的警觉性。

从另外一个角度来说，这种自信的精神风貌可以降低我们作为“容易下手对象”的可能性，降低我们被侵害的风险。

# 被人拦下要钱，如何机智面对？

## 女孩的小心思

学校倡议我们捐款，据说是有个高年级的学生遭到三个坏人抢劫，被对方用刀捅成了重伤，正在住院抢救。同学说他和抢劫犯英勇做斗争，值得学习。但从另外一个角度想，他为了保护身上的钱，受了重伤，万一命都没了，岂不是很不值？

假如我们遇到被人拦住抢劫财物的情景，该怎么做呢？我曾经办理过这么一个案件，并且在去学校给中学生上法治课的时候，还和同学们一起讨论过这个案例。

黄某东（化名，男，17 岁）在某市重点中学上学，他家里是农村的，家庭条件不太好。父母为供他读书很辛苦，黄某东也很懂事，刻苦学习，生活也很节省。

某天傍晚，黄某东拿着父母给的 3000 元生活费回学校，路上被三个人拦下，让他交出身上的钱。黄某东不肯，因为这是父母差不多一年的辛苦钱，是自己学习和生活的费用。三个人要对黄某东进行搜身抢劫，于是黄某东进行反抗，这时其中一个人拿出一把弹簧刀刺向黄某东的腰部，黄某东倒在地上，钱也撒了一地。三个人看到黄某东身上流出一大摊血，慌忙在地上捡钱，这时刚好有人骑摩托车路过，见此情景大喊一声，吓得三个人撒腿就跑。

后来骑摩托车的好心人把黄某东送到医院抢救，从黄某东的书包里找到一张学生证，帮助他联系到了学校，然后报了警。

黄某东因为肾脏被刺破生命垂危，好在送医院及时，黄某

哼哼~
交出身上的钱！
1
我不交！那是我父母的辛苦钱！
刺
2
快！快捡钱！
3
来人啊！
快跑！
4
送医及时，性命得以保住。
5
依法逮捕！
6
剧情需要 请勿模仿

东被切除了一个肾脏后，被抢救了过来。经法医鉴定，黄某东的伤情构成重伤。

最后，这三名抢劫犯抓获归案，依法得到严惩。

在这里，我想问一个在学校上法治课时曾向同学提问过的问题：黄某东为了保护这3000元生活费和三名不法分子做斗争，到底值不值呢？假如是你，是否会选择反抗呢？

在法治课上，我曾让同学们举手表决，结果是：有接近一半的人认为黄某东的反抗是不值的，主张放弃反抗；有接近一半的人认为他这么做值得，应该反抗；还有几个说不清楚。

同一件事，大家看法如此不同，那当我们遇到类似被抢劫财物的情景时，该怎么做才是最好的呢？

我们从小就被教育，要勇敢和不法行为做斗争。是的，不论是我们自己受到侵犯时勇敢反抗，还是见义勇为帮助他人，这些都是值得鼓励和赞扬的。不过我们需要记住一个大前提，就是我们必须懂得评估、对比现场不法分子的力量和我们自己的力量。

假如我们的力量和不法分子的力量差不多或者比他还大时，要勇敢反抗；但不法分子的力量明显比我们大时，就需要理智选择放弃反抗，先保护人身安全。案例中黄某东的勇气和精神值得肯定，但被抢劫时，对方是三个人且有武器，这个时候反抗是不可取的，也不值得借鉴。

抢劫是一种暴力犯罪，严重侵犯他人的财产权和人身权，国家一直是给予严厉打击的。这种严厉体现在：一是年龄，年满十四周岁以上对抢劫要负刑事责任；二是量刑，“以暴力、胁迫或者其他方法抢劫公私财物的，处三年以上十年以下有期徒刑，并处罚金”，量刑起点就是三年以上，另外还对八种情形直接规定了处十年以上有期徒刑，直至死刑。

国家刑法之所以规定对抢劫罪处以严厉的刑罚，就是因为这种行为不仅仅是威胁了财产安全，更是严重威胁了人身安全。换句话说，当我们面临被抢劫时，人身安全是处于非常危险的情境中的，这是我们需要了解的一个很关键的知识点。

面对抢劫，财产和人身安全两相权衡，作为还没成年的我们要记住一点，要把人身安全摆在前面！特别是在自己和抢劫者力量悬殊的情况下，第一位要保障自己的人身安全。

那什么情况是力量悬殊的情况呢?

● **当抢劫者是多人，是团伙作案时**。团伙抢劫的人大多数是多次作案的，对钱财要求必得，同时也更加心狠手辣。在这种情况下，一个人是肯定打不过他们的，除非你是武林高手，否则最好不要反抗，把身上钱财给他们就是了。

● **当抢劫者携带作案工具时**。比如有人手里拿着刀或者铁棍等武器抢劫，一旦动起手来，自己处于弱势，肯定会吃亏，这个时候的策略是能跑则跑，跑不了那就不要反抗，让对方把钱拿走。

● **当抢劫者身材高大强壮，一看自己就处于劣势时**。虽然从人数上看可能是一对一，但还是走为上计，发挥跑的优势。

当我们处于危险境地时，沉着冷静观察四周环境非常必要，心底评价一下自己的力量和对方的力量非常关键，在力量悬殊的情况下，一切要以人身安全为首位。留得青山在，不愁没柴烧。

实施抢劫的犯罪嫌疑人目的一般是为了求财，所以这个时候，舍弃随身财物，大部分情况下换得人身安全的可能性会提高。

当我们觉得自己与抢劫者力量不那么悬殊，评估自己反抗可能会让对方放弃抢劫，那么我们就要敢于反抗。记住，这个时候的反抗行为主要目的也不是为了制服犯罪，而主要是寻找机会逃跑。因为实施抢劫的犯罪嫌疑人一般都是有备而来，所以在对暴力的准备上（随身武器），我们已经是处于劣势了。记住，适时的反抗行为也是为了寻找机会逃到安全的地方。

不论是我们的财物是否被抢，也不论对方是否威胁我们不要报案，只要我们的人身处在安全的环境中，都要马上报警或者让可以信任的成年人陪同我们去报警。

# 人贩子的套路有哪些？

## 女孩的小心思

在学校进行法治宣讲的时候，我听老师讲了一个小女孩被骗被拐卖的案例。不过，我觉得骗子的骗术并不高明啊，怎么就能骗到人呢？

坏人拐骗儿童的方式是根据具体情况来编造借口和谎言的，我曾经听我亲戚讲过一个发生在她身边的小孩被拐卖的事情。这个案子大约是13年前发生的，直到去年通过公安机关的“团圆计划”，被拐卖的小孩才被找到，并和亲生父母相认。

我们把孩子叫作小花（化名，女，7岁）吧。小花跟随在外打工的父母，一起租住在某城市。小花父亲在一家工厂打工，小花母亲在工厂附近开了一个杂货店，小花不上学时就在杂货店玩。

有一个周末，杂货店生意好，来买东西的人多，小花妈妈忙着做生意，就让小花在店门口玩。等小花妈妈忙完时，才发现小花不见了。

当晚小花父母以及朋友、老乡一起帮忙寻找，找了大半夜都没有找到，于是连夜去派出所报案。因为当时道路监控没有目前这么完善，公安机关到第二天做失踪人口案件受理了。

当时小花父母怀疑是和自己一起打工的老乡拐走了小花，因为小花父母事后想起，那个老乡当晚没有一起帮忙找小花，而且第二天也不见人影。

1
妈妈忙，去店门口玩儿吧。
好！
2
走，叔叔带你去买棉花糖吃。
好！
3
孩子不见了！
4
道路监控不完善，没能找到您的孩子。
5
十三年后，
因侦查技术提高，一家人才得以重聚……
剧情需要 请勿模仿

13年后，被拐卖的小花，因为公安机关的侦查技术水平提高，才有机会和父母重新团聚。

小花自述对童年还有点记忆，据回忆，当时是一个认识的叔叔（小花父母的老乡）带她去买棉花糖，然后把她拐走了。之后将她卖到外省一个没有子女的人家。被人拐走后，小花后来的命运还算是比较幸运的，这家人用心抚养她，并供她上学读书。而根据另外一些曝光的案例，那些被拐走孩子的命运绝大多数是非常悲惨的。

不管怎么说，拐卖妇女、儿童都是对社会危害性极大的恶性犯罪案件，我国刑法也一直给予严厉打击。特别是女孩，不论是处于儿童阶段还是成年之后，都会面临这样的风险，所以我们更应该学习一些预防被拐卖、被拐骗的知识。曾经造成社会轰动的人贩子“梅姨们”有哪些诱拐孩子的骗术呢？

当我们对人贩子骗术有一定了解的时候，提高了警惕，再来看这些坏人的骗术，其实并不太高明。

就人贩子选择拐骗孩子的性别而言，在孩子年纪还小（基本上是10 岁以下）的时候，男孩和女孩被拐卖的比例差不多，有时候可能男孩的比例还比女孩更高一点。但是随着孩子年纪的增长，女孩被拐卖的比例远远大于男孩。从现实角度考虑，作为女孩更需要学习相关防拐骗的知识。

**人贩子物色年纪比较小的孩子时，在环境上一般会选择人多且复杂的场合，比如市场、公园、游乐场等。**在这种地方，又会特别盯上和父母或者其他成年监护人不在一起的孩子。特别是一些父母在忙于做工时，无暇照看孩子， 孩子单独一个人玩耍或者和其他小孩玩耍，旁边没有其他大人时，最容易发生孩子被拐骗的事情。

**人贩子在人多场合想要拐骗孩子，最多、最常用的是采取诱骗的方式。**常用手段有：冒充小朋友家长的熟人来欺骗小朋友，以好玩的东西来引诱小朋友，以好吃的东西来诱骗小朋友，甚至会利用小朋友来骗小朋友。

**人贩子拐骗到某个被害人后，就会控制住被害人的人身自由，然后**

**会根据具体情况，进行恐吓或者虐待，让其听话。**被拐骗孩子的去向一般有这么几种：一是卖给另外人家做子女；二是让小孩变成专业乞丐；三是利用未成年小孩来实施一些犯罪活动。

人多且复杂的场合

诱骗

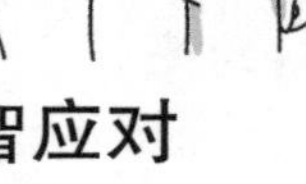
机智应对

控制或恐吓

小孩走失固然有成年人监护不到位的责任，但人身安全是属于自己的，我们自己也需要充分了解这类风险。当我们了解到在某些场合是人贩子重点会瞄准的地方，就应该更加注意防范；当我们了解哪些套路是人贩子常用的手段时，就可以提前警惕。

第一，在一些人多的场合，我们要紧紧跟在父母或者成年家庭成员的身边，在他们眼皮底下玩，一有风吹草动就马上叫爸妈或喊大人，我们就可以及时得到保护。

第二，对于陌生人给我们好吃的、好玩的东西，记得一定要拒绝。特别是对方提出让我们跟着他或她去另外一个地方拿这些好吃的或好玩的东西时，就是危险降临的时候，千万不可以跟着去。

第三，对一些我们见过的叔叔阿姨或哥哥姐姐等人，看起来好像眼熟，自称是爸爸妈妈的熟人，来叫我们去另外一个地方时，记得一定要先告诉父母，得到父母同意后才可以去。

第四，假如感觉到有人硬拉扯我们时，记得一定要大喊大叫，或者打碎身边的任何东西。因为在我们人还没离开人多的环境时，我们的大喊大叫会引来其他人的关注和帮忙。

第五，假如我们已经被带离人多的环境，要记得做一个机智勇敢的小朋友：记住可以通过骗坏人来寻找逃脱机会，记住坏人的秘密不可以保守，记住家里人的电话和地址，记住生命安全第一，记住寻找一切可能的机会发出求救信号，等待被救。

# 第五章

# 面对人身伤害依法维权

顾问
××市人力资源
和社会保障局

# 被人打成重伤，赔偿的法律途径有哪些？

## 女孩的小心思

朋友因为和人发生口角，被对方打成重伤，医药费、护理费等花了不少钱，家里本来就经济条件不好，该怎么办呢？

我在工作中办理过不少涉嫌故意伤害罪的案件，这些案件中的被害人受伤后治疗所产生的医药费、误工费等，有的会自行协商调解赔偿，有的会在司法程序任何阶段进行司法和解，也有的会提起刑事附带民事诉讼要求被告人及其家属赔偿相关损失。曾经有这样一宗案件。

某天，晓茵（化名，女，17 岁）和男朋友黄某（化名，男，22 岁）在一起逛街，碰到了晓茵前男友王某某（化名，男，22 岁），王某某看到前女友和黄某在一起秀恩爱，感觉非常不爽，遂上前言语挑衅黄某，但被黄某辱骂和讥讽。随后王某某怀恨在心，于是纠集自己的朋友李某某（化名，男，21 岁）、黎某某（化名，男，20 岁）一起去“教训”被害人黄某。

王某某、李某某、黎某某在某公园对被害人黄某进行了围殴，一直打得黄某受伤倒地无法动弹才停止。后黄某被送医院治疗，因脾破裂失血过多，最后不得不做了脾切除手术。经法医鉴定，黄某伤情构成重伤，并达到伤残等级六级。

当时这个案件在办理过程中，也做过调解工作，但因为黄某提出的伤残补助比较高，双方无法达成一致意见。于是

串串
包包
晓茵
1
她以前眼睛瞎了居然能看上你？
哪儿来的歪瓜裂枣啊？
晓茵离开我，就找了你这么个玩意儿？
你什么东西啊，跟我叫板！
你们别吵了
2
小黎你赶紧的！李子都在我这儿了。
来，我要教训个人。
3
4
情况危急，需要脾切除。
5
剧情需要 请勿模仿

我们建议黄某向法院提出刑事附带民事诉讼，维护他的合法权益。

**在我们身体受到伤害后，可以通过一些什么法律途径获得帮助呢？**

在生活中，我们要尽可能保护自己，使自己避免受到伤害。但假如因为某些原因，我们的身体遭受到了他人的伤害，也需要我们积极面对，有意识地保留一些证据，利用法律来维护自己的合法权益。所以，了解一些相关的法律规定，还是很有必要的。

涉嫌故意伤害罪的刑事案件是公诉案件，一般司法程序是由公安机关侦查、搜集证据，然后移送检察机关审查、起诉，再移送法院开庭审理、判处刑罚。当然这些职责和权力都必须依法来行使，也必须是由国家司法机关来行使，而对于当事人人身损害要求赔偿的部分，则需要当事人自己行使这部分权利。

身体受到他人侵害，是一种侵权责任。也就是说，我们身体受到伤害，必然会产生医疗费用、康复费用、营养费、误工费等一些必要的支出费用，按照法律规定是可以要求侵犯我们身

体健康的人赔偿的。

附

## 相关法律条文规定

★ ★ ★

《中华人民共和国民法典》第一百二十条和第一千一百六十五条规定："民事权益受到侵害的，被侵权人有权请求侵权人承担侵权责任。""行为人因过错侵害他人民事权益造成损害的，应该承担侵权责任。依照法律规定推定行为人有过错，其不能证明自己没有过错的，应该承担侵权责任。"

保留支出票据

我们需要了解，要求侵权人赔偿我们遭受的损失，不是随便口头说就可以的，需要我们提出具体数额，更需要我们就提出的具体数额提供相关证据和理由，这也提醒我们要有一定的证据意识。当身体被人侵犯导致受伤，我们要有意识地保留为康复所支出的相关费用的票据，这些票据就是我们要求对方赔偿数额的证据材料。而一些人身赔偿的标准、规定，比如误工费、伤残补助等费用每个省份都会出台一些具体参照数额标准，这些资料是可以在网上查询到的。一些赔偿项目、补助标准按规定来计算就可以了，有需要的情况下可以请求法律专业人士帮助。

对构成刑事犯罪的犯罪嫌疑人需要提起附带民事诉讼，但要在正常司法程序时间内提起，这样可以帮助当事人节省一笔诉讼费用。当然，在刑事案件处理过程中，也可以和对方进行协商调解处理，这样可以节省一些诉讼成本。另外，假如错过了提出刑事附带民事诉讼的时间，还可以另行向当地法院提请民事诉讼要求赔偿，不过需要先缴纳相关诉讼费用。

# 打工时被人误伤，可以找谁赔偿医药费？

## 女孩的小心思

朋友经人介绍去某酒店打工，说好试用期三个月，还没有签订相关劳动合同就上班了。有一天她在帮其他客人拿茶水时，被后面一个喝醉酒的客人推倒，手臂和手掌部位都受伤了，一时场面混乱，那个客人乘机溜走了。最后她只好自己去看医生，花了几百元的医药费不说，又因为手掌受伤，医生交代暂时不能弄湿手，不能上班，然后酒店给她结了半个月工资，让她不用来上班了。

这种情况难道只能自认倒霉吗？

类似的情形在我们生活中常常遇到，不过常常因为被害人不懂法或者其他一些原因，导致本来应该可以得到的赔偿却无法得到。我自己家亲戚就曾经发生过这么一件事。

王叔家女儿晓敏（化名，女，17岁）辍学后在一家大排档打工，一天晚上，大排档有两帮人打架，晓敏被人撞倒，并导致小腿骨折。因为当时在大排档打架的人都跑掉了，无法找到是谁推倒晓敏的，大排档的其他人把晓敏送县医院后，通知了她的父母。

晓敏在医院拍了个片子后，医生说他们医院不够条件做手术，建议去市里的医院做手术。王婶同意去市里的医院，但王叔偏偏不听，相信一个跌打江湖医生，说他很厉害，医好过很多跌打伤痛的人。

于是王叔把晓敏接回家，让这个江湖医生给晓敏看骨折的腿。江湖医生帮忙扭了一下，说是复位，差点把晓敏痛死。然后江湖医生配了一些草药和药酒，让晓敏用来敷和擦，承诺不出一月可以下地走路。王叔为这些草药、药酒花了将近两千元。

没想到过了一个星期，晓敏的小腿更加肿痛，并且小腿皮肤开始长疙瘩，奇痒难受，不得不再次送医院。经检查，原来晓敏

上啊，兄弟们！
啊我的腿！好疼啊！
这可是我传家的药酒，保证你一个月就能下地走路。
剧情需要 请勿模仿
江湖
药
医生，我的腿还是很疼。
骨头有二次创伤，得做手术……
这种情况应该去找大排档老板，让他赔偿。
你王叔他们家啊，可花了老多钱了。
老板，我女儿的事……
切，这都什么时候的事儿了，你少往我身上赖。
法院
相关证据都在，你还想抵赖！
是我的错，我赔偿……
1
2
3
4
5
6

对草药过敏，另外经拍片检查后，发现晓敏的腿骨属于粉碎性骨折，医生认为创口有二次创伤，建议做手术。

这下，王叔才知道后悔，不得不重新给晓敏做手术，前后在医院花了一万多元。

事情过去大半年，等我过年回家，父母把这件事告诉我，我随口说了句，晓敏在大排档上班被人打伤，打伤她的人虽然跑了，但大排档的老板应该赔钱啊。

于是王叔特意去找大排档老板协商，想让老板赔偿晓敏的住院及医药费等，但大排档老板矢口否认，说不关他事。

最后，在我的建议下，王叔在当地请了一个律师，搜集有关证据后，就晓敏的人身损害赔偿向法院提起诉讼。

案件最后处理的结果是调解和解，大排档老板赔偿了一万元给晓敏一家。

在这个案件中，晓敏遭受到的人身伤害本来可以得到全部的相关赔偿的，但由于晓敏父亲不懂法而造成了一些损失。那如果遇到类似情况，我们该如何正确处理呢?

在一般情况下，谁导致了我们身体伤害的后果，谁就应该负责赔偿。不过在劳动关系中假如出现受伤的情况，即使在某种情况下，直接造成我们身体损伤的人因故没有查找到，这个时候，只要是在上班时间内，用人单位一般是要承担连带责任的。假如发生了和案例中晓敏类似的情况，我们应该如何来维护自己的合法权益呢?

## 相关法律条文规定

《中华人民共和国劳动法》第十五条规定：“禁止用人单位招用未满十六周岁的未成年人。文艺、体育和特种工艺单位招用未满十六周岁的未成年人，必须遵守国家有关规定，并保障其接受义务教育的权利。”

在劳动关系中对用人单位和劳动者都有一些禁止性的规定，我们对这些规定需要有一个基本了解。首先是关于年龄的规定。也就是说，在一般情况下，我们即使想去打工，也得年满十六周岁。假如我们年龄不符合这个规定，冒用他人身份证或者用一些虚假证明去打工，

一旦发生一些风险，对个人就非常不利了。

## 相关法律条文规定

★ ★ ★

《中华人民共和国民法典》第十八条规定：“成年人为完全民事行为能力人，可以独立实施民事法律行为。十六周岁以上未成年人，以自己的劳动收入为主要生活来源的视为完全民事行为能力人。”

也就是说，符合了上面这条规定，我们就可以按照自己的意愿行使民事权利，并承担相应的民事法律后果。我们自己要做到知法守法，当有人侵犯了我们的合法权益，我们也可以行使法律赋予我们的权利，要求对方承担有关责任，让我们的合法权益受到法律保护。

首先，当我们年龄符合可以工作的法律规定，和用人单位谈好工作条件后，就要尽可能和对方签订劳动合同，这是我们的合法权益得到保障的非常关键的一个程序。

其次，作为一个合法劳动者，当自己维权遇到困难，需要寻求帮助时，我们还可以找到用人单位所在地的人力资源和社会保障部门提出维权诉求。对于劳动关系中出现的一些纠纷，我们可以首先寻求国家主管职能部门的介入，假如能够得到合理处理，是可以省去一些诉讼带来的人力、金钱以及时间成本的。

3

# 购买的美容产品导致过敏，如何维权？

女孩的小心思

朋友推荐了一款微商自制的擦脸药膏，说是对痘痘和痘印特别有效。我正为脸上的痘痘和痘印烦恼，于是让她帮我买了一支，然后我微信转账给她。药膏买回来之后，我开始试用，用了两天觉得痘痘有点红肿，效果不明显，然后就丢弃不用了。

过了几天，朋友突然告诉我，那支药膏不要用了，她说自己用了有点过敏，然后想找那个微商退货，谁知道被人家给拉黑了。这种情况该怎么办？

亲爱的女孩，年轻时爱美是再正常不过的事了。但是，我们既然重视样貌，那么在对待一些使用在面部的产品时就应该格外小心谨慎，尽可能不要使用三无产品。我的朋友就因曾经相信了一些微商推销的美容产品，差点毁了容。

朋友晓红（化名，女，25 岁）的眼睛附近长了一些扁平疣，除了影响容貌，倒也不痛不痒，但她自己一直耿耿于怀。朋友推荐她去做激光，但她是疤痕体质，很可能会重新长疤痕，搞不好，毁了容就麻烦了，所以她一直不敢尝试激光。

她试过很多药膏，都没有什么疗效。后来有个微商极力推荐了一种纯中草药的药膏，保证可以去掉扁平疣，恢复皮肤光鲜。晓红在这一顿推荐之下心动了，于是转账几百元买了一支。

晓红在用药膏的时候感到有灼烧感，但微商说不用担心，是扁平疣坏掉脱落的正常现象，让她继续使用，过一段时间扁平疣就会结痂，等结痂掉了就好了。对方还发了不少之前一些人用药前后的对比图片，于是晓红放下心来继续使用。一两个星期后，晓红觉得不对劲，扁平疣表皮的黑色结痂脱掉后，扁平疣还在，而且因为灼烧皮肤的范围比扁平疣还大，导致看起来面部比之前

用了那么多药膏也治不好扁平疣……
空
效果真实吗？
绝对保真！
现在大促！
赶快下单！
嗯嗯！
支
买
买
买
这也没个厂家和成分呢。嘶！好疼！
膏
放心用啊！
祖传秘方！
你用的是"三无"产品！
剧情需要 请勿模仿

更难看了。

后来她特意找出这款药膏的包装，包装盒看起来很精致，但盒上根本没有主要成分及生产厂家之类的标识。晓红发信息询问微商，对方回复说大包装有，分销小包装没有印上去，而且这是祖传秘方，让她继续放心用。

于是晓红继续用这支药膏，连续涂了两三天后，发现眼下部位越来越红肿了，眼睛都快睁不开了。她不得不去医院看皮肤科医生，才知道这种药膏根本就是三无产品，对皮肤还有一定腐蚀性。

晓红在医院治疗期间，想想就很生气，便在微信上找这个微商索赔，但聊了两次就被拉黑了，晓红这才发现自己都不知道微商的真实身份。

让晓红觉得难受的是，经过了长达两个月的治疗，眼部的红肿才完全消除，但眼睛附近还是形成了一些受损皮肤色素沉淀，比不擦药膏之前更难看了。

爱美没有错，但在爱美的路上，需要学习如何避开一些坑。那么，哪些坑是我们必须要避开的呢?

## 检察官妈妈支招

第一个需要避开的坑是，不要购买“三无”产品。使用在面部的产品第一个要求就是安全，效果当然也重要，但应该排在安全的后面。而“无生产日期、无质量合格证（生产许可证）、无生产厂名称”的“三无”产品是连基本的使用安全都无法得到保证的，更不用谈效果了。

“三无”产品

第二个应该避开的坑是，警惕利用社交网络来推销产品的个人（俗称“微商”）。在微商群体中，推销化妆品或者美容项目的不在少数，特别是我们对于不熟悉的微商推荐的产品更需要谨慎购买。微商在自己拉的社群销售产品，其中一个最大的风险就是，一旦发生产品质量问题，需要找销售者承担责任

的时候，微商往往只需简单地拉黑购买者，就可以让购买者无法找到他。

我们必须确保自己购买的产品是有正规生产厂家的，是在具有工商登记的正规销售者那里购买的产品，这样的产品万一有质量缺陷，对我们人身或财产造成了损害，是可以利用法律来维护我们的合法权益的。

当然，并不是说我们在法律上不能找生产、销售“三无”产品的人追究责任，而是我们很难找到该负责任的人！比如案例中晓红购买的“三无”产品药膏，连起码的生产厂家都找不到，怎么要求赔偿呢？对于销售者即那个微商，连她的真实身份都无法查找，又怎么可能要求她赔偿呢？即使法律规定了我们有追究他们责任的权利，但实际上很难实现。

相对于“三无”产品，正规合格的产品除了更加安全可靠之外，如果出现了质量问题，正规厂家和有工商登记的商家，是可以通过正常途径查找到的，因此更有可能对我们的损害履行赔偿责任。所以，购买合格成品才能更加有效保障我们的合法权益。

当某个产品对我们人身造成伤害结果时，赔偿的范围包括人身损害赔偿和财产损害赔偿。其中产品缺陷造成受害人人身伤害的，产品的生产者或销售者应当赔偿医疗费、护理费、误工费等费用，假如造成残疾的，还应该承担相应的责任和赔付相应的赔偿金。

**当然，遇到这种情况，我们需要证明是产品质量存在缺陷并由此造成了财产或人身损害，需要证明产品质量存在缺陷和损害结果之间存在因果关系。**所以，我们在使用产品的时候，需要有保留证据的意识，对于如何使用产品、怎么造成伤害的、就医情况等相关证据都要有意识地保留下来，这样才能有效保护我们的合法权益。

# 青春期女孩爱美，做医美手术的风险有哪些？

## 女孩的小心思

朋友回来告诉我，她利用暑假的时间去割了双眼皮，看起来真的变漂亮了。她说很简单，以后再也不用贴双眼皮了，做了一个小手术，一劳永逸。

原来医美手术这么简单，那我是否可以考虑把自己的塌鼻子去隆高点呢？

医学整形手术最开始是运用于面部有缺陷的人，而后逐渐发展到个体美化要求。当女孩对自己的面容、身材不满意，又有美化要求时，想借助于现代医美手术达成愿望，是可以理解的。不过，在手术收益和手术风险之间，我们需要有清醒的认识、冷静的衡量。曾经听朋友讲过有这么一个医美手术失败的案例。

晓静（化名，女，20 岁）去应聘一家公司的文员秘书工作，该公司经理吴某某对她进行面试之后，告诉晓静她的条件都符合工作要求，只不过这份工作对形象要求有点高。吴某暗示晓静身材不够好，并且对晓静一番洗脑，说做整形手术可以增加各种好处和便利，说得晓静心动之后，就介绍晓静去一家医美机构，并且承诺他介绍去的客户可以享受特别优惠。

于是晓静去这家医美机构咨询，经过对方一番推销，最后决定先做双眼皮手术，接着做隆胸手术。

隆胸手术做完之后，晓静按照医嘱回家护理，但她的伤口过了两周还在继续出水出血，只好回到医美机构重新看医生。医生告知晓静伤口感染了，需要把假体拿出来，等过段时间再做手术。比较不幸的是，晓静再次做了假体植入手术后，

高薪招聘秘书
那整吧！
哎呀，身材再好一点就完美了！
大整医美
欢迎
本月活动力度大~
做一送一哦，建议您买套餐更优惠呢！
业务员
活动可不能错过下单下单！
手术中
剧情需要 请勿模仿
两周后……
孩儿她妈，快来啊！
哦，是移位加感染了
没事儿再取出来就行。
我要维权！
可恶！他们家是黑医美！我的钱，呜呜呜……

过了一段时间假体居然移位了，只好再次把假体取出来。

晓静经过这么来来回回的折腾之后，开始了艰辛的维权路程。在维权过程中，她才了解到这家医美机构居然还没有取得国家医疗机构的资质，也就是说这是一家“黑医美机构”。

遇到这样的情况，该怎么处理呢?

医疗美容是一种手术，是手术就有风险。对于这种基于面部美化提升要求的手术，我们到底该怎么认识呢？容貌焦虑到底是来自我们内心的认识，还是真正来自外界的评价？我们先来看一个著名的心理学实验——“伤痕实验”。

这是一个发人深思的实验，原来一个人内心怎样看待自己，在外界就能感受到怎样的眼光，是我们错误的自我认知影响了我们的判断。这提醒我们，当有人以贩卖容貌焦虑来忽悠你的时候，应该警醒自己不要上当。

**医美手术有时候似乎是可以让我们看起来变美了，但这个变美后可以得到的收益，真的就会实现吗？**事实上，美是一个主观看法，没有统一标准，所以对于手术的收益还真是无法确定。

例如，案例中晓静被吴某某忽悠，身材变好了就会有好工作，这两者之间真的就是这样的因果关系吗？事实上完全没有这样的因果关系。身材好只是身材好，或许可以得到他人更多的关注，但工作是需要能力的，是需要帮助公司或他人创造财富的。可见，好的工作和身材好虽然不能说是完全没有关系，但还真是关系不大，这应该是我们应该汲取的第一个教训。

医美手术有大有小，是手术就有风险。手术之后可能会出现哪些不良反应和后果？这个风险在手术之前，我们是否了解清楚？假如不良后果发生，可能会对我们的生活造成什么样的影响？胸部发育正常健康，仅仅是不够丰满，在这种情况下选择有风险的手术，有无必要？因为这部分不属于缺陷，不同于因患病乳腺被切除或者先天乳房发育畸形的情况。所以，在考虑手术时，对于手术的风险需要详细了解清楚，这是我们应该汲取的第二个教训。

医美行业的巨额利润，吸引了许多人从事这样的行业，虽然有行业监管，但仍不乏滥竽充数或者资质不全，甚至无资质的医美机构存在。这部分黑医美机构常常和一些不法分子勾结，以各种理由向年轻女孩兜售各种整形项目或者套餐，为了利益，弱化手术风险，甚至故意回避提及这部分风险。

退一步来讲，女孩即使选择做医美手术，也一定要找经国家相关部门批准、正规合格的医疗机构，这样可以最大限度地降低我们受到伤害的风险。

万一出现手术风险事故，我们需要经过一系列的鉴定过程，通过法律手段来维护自己的合法权益。具体可参考以下几个步骤：

第一步，我们需要证明医美机构在实施手术时是否存在过错，也就是说是否有存在违规的地方，包括机构、医生资质，操作流程，等等。

第二步，我们需要证明医美机构的这个“过错”和自己受到伤害的后果之间具有因果关系，也就是说需要证明目前自己的状态就是医美机构的医生在实施手术过程中的违规操作行为造成的。

第三步，还需要证明，这个“过错”在这个危害后果中占据的比例是多少。

最后，假如造成了毁容或者残疾等情况，还需做伤残等级鉴定。

我们可以通过法律来维护自己的合法权益，但即使事实清楚、证据确凿、充分，这也是一个耗时、耗力、耗钱的过程。所以，亲爱的女孩，对待社会上普遍的容貌焦虑，我们需要以更理性的视角来重新看待：是否

确有必要进行医美？是否已经对医美的风险和收益做到了全面、客观的对比？相信看了这一节，亲爱的女孩可以选择到对自己最有利的答案。

5

# 坐扶手电梯受伤，该如何维权？

## 女孩的小心思

妈妈带我和弟弟去综合商场玩，进入商场后她去逛服装店了，让我带着弟弟玩。弟弟特别喜欢来来回回乘坐扶手电梯，我只好陪着他。坐了好几轮之后，电梯突然上下抖动了几下，弟弟没扶稳，向后跌倒下去，滚了几个阶梯。我为了去扶弟弟，自己的额头也磕破流血了，妈妈赶忙过来带我和弟弟去医院。

事后，妈妈找商场赔偿医药费、营养费等，但商场说小孩子乘坐扶手电梯一定要大人陪同，电梯旁边都有标志。弟弟只有6岁，我也刚满15岁，都是未成年人，弟弟和我受伤是家长的疏忽导致的，这个事故是我们自己的责任，商场不会赔钱。是这样的吗?

未成年人在公共场合活动，一定要注意安全，一些情形是必须要有成年人的陪同监护的。电梯安全事故方面的案例，我就曾经遇到一个。

米西（化名，女，5岁）和妈妈乘坐高铁回家乡，在某个站台下车后，乘坐扶手电梯下一楼。高铁站的电梯很高，乘坐时间也比较长，乘坐过程中米西调皮地用脚踢旁边的电梯阶梯玩，妈妈看见了，叫米西不要踢，但米西没听，妈妈因为要拿行李也就没有继续阻止。这时，米西一声惨叫，原来她的脚被卷入了电梯阶梯间的缝隙中，而且电梯并没有停下来，继续向下运行。

米西妈妈急得大声呼叫，旁边的人帮忙叫来高铁站工作人员，工作人员把电梯按停了，但还是无法把米西的脚拿出来，只好打救援电话到消防局。消防员两个多小时后才把米西的脚拿出来，然后送米西去医院。

经诊断，米西的脚掌已经断裂，经手术抢救后，虽然把断掉的脚掌接上了，但医生说米西的脚会留下终身残疾。最后经过伤残鉴定，米西的伤残等级达八级。

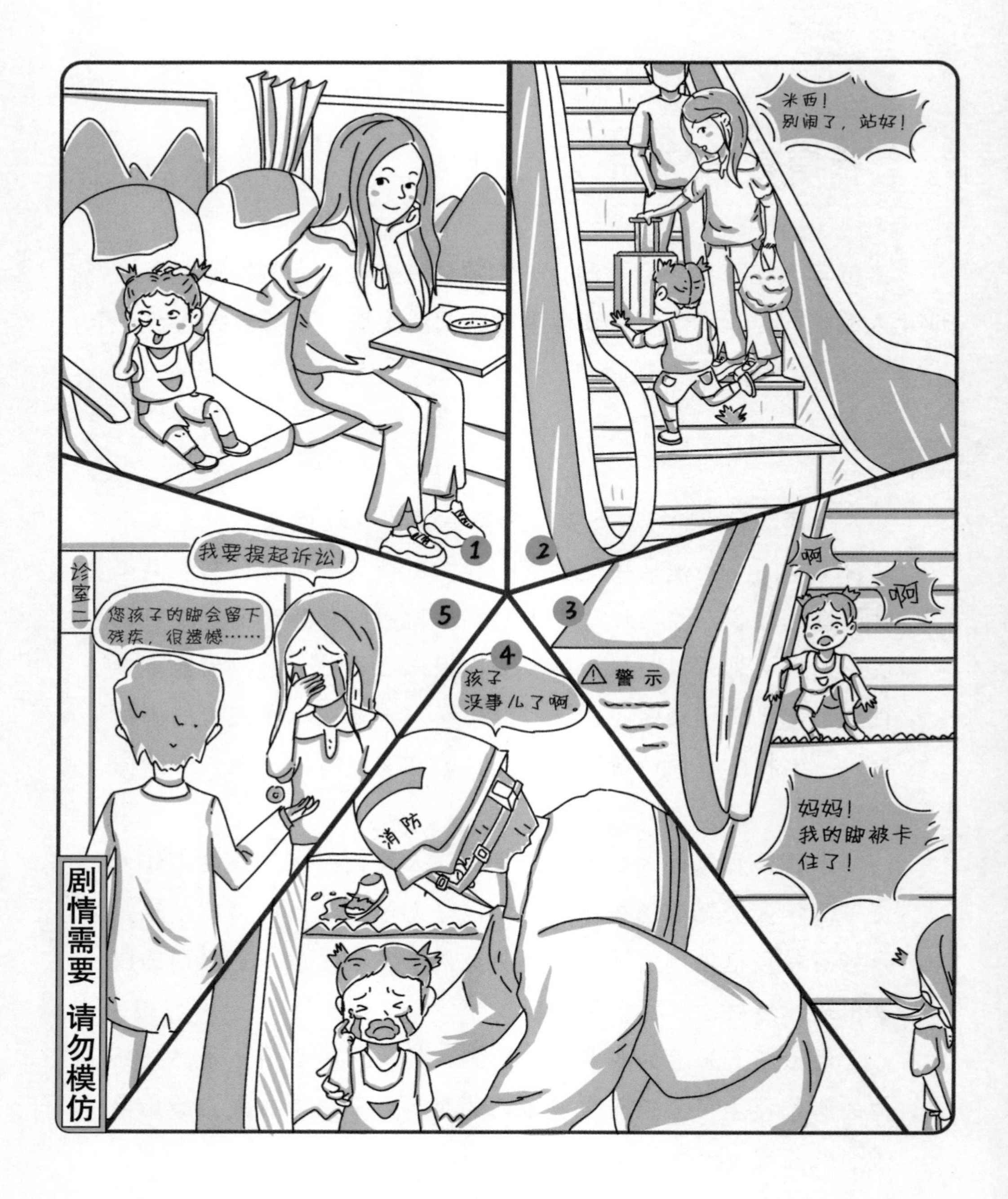
1
2
米西！
别闹了，站好！
3
啊
啊
妈妈！
我的脚被卡住了！
4
孩子
没事儿了啊。
⚠警示
消防
5
诊室二
我要提起诉讼！
您孩子的脚会留下残疾，很遗憾……
剧情需要 请勿模仿

米西父母最后向铁路法院提起诉讼，要求相关赔偿。

这个案件是当事人来到检察院咨询的，想求得检察院支持向法院提起诉讼。案件的办理并不难，但其中给我们的警示是非常重要的，搭乘电梯应注意哪些安全？万一发生电梯事故该怎么办呢？

电梯的生产和安装属于特种行业，需要特别许可，因为这种装置涉及广大群众的人身安全，所以对电梯的安装、使用、保养都是有规定的，目的就是保障电梯搭乘者的安全。

在公共场合搭乘电梯，经常看到是有警示标志的，目的也是为了提醒搭乘者安全搭乘，不要破坏电梯的正常运行。

在电梯上奔跑、蹦跳、追逐、玩闹都会影响到电梯安全。有的小朋友对电梯的升降运行感到好奇，还会把手或者脚伸进电梯的夹缝……所以电梯上的“禁止玩耍”“禁止反方向站立”“当心夹住软底鞋”“必须陪同并拉住小孩”等相关标志，目的就是尽可能避免一些意外发生。

电梯事故发生常常造成一些比较严重的后果，所以我们在乘坐电梯时要格外注意安全。

亲爱的女孩，你是 15 岁的未成年人，陪同 6 岁的弟弟在电梯上玩而发生了事故，万幸的是事故后果还比较轻。当然，发生了这样的事情，商场以做了标识来推脱自己的责任，是不成立的。但在这个事故中，我们也应该汲取一些教训。

**当电梯在使用过程中出现上下抖动，属于安全故障**。因为这个抖动发生了事故，电梯的生产厂家、电梯使用者（商场）都是有责任的。商场的责任不能因为设置了相关提示、禁止或警告等标志，就可以完全豁免。

发生抖动是电梯质量原因，还是安装原因，抑或者保养、维护的原因造成的？这个是电梯生产厂家、维护单位、使用者的责任分担的问题，不是推卸责任和不负责任的理由。

电梯是为了方便人们搭乘上、下楼的，不是玩耍的地方，而且你们的监护人妈妈不在身边。对于未成年人的人身安全，父母是负有监护责任的，对发生事故的后果也是负有一定责任的。

搭乘电梯出现了事故，要看电梯质量问题、电梯使用问题，还有具体搭乘者的过错有多少。所以商场以设置了小孩要在成年人陪同之下才能搭乘电梯的相关标志为理由，拒绝赔偿是没有法律依据的，商场应该承担赔偿责任，但具体应承担多少就需要最后看证据情况和法律认定了。

学法懂法，遇事不慌。亲爱的女孩，当我们人身受到伤害的时候，请用法律武器来维护自己的合法权益。

跋

# 祝女孩们都安全快乐成长

当“检察官”和“妈妈”这个两个词连起来后，作为女儿，你们可以想象我的成长经历该多么“刺激”。

记得上小学时，同学们的读物大多是完美的童话故事，女孩们都沉浸在如童话般美好的世界里，并对这个真实世界充满美好的想象和无限的期待。而我的检察官妈妈，却会同我绘声绘色地讲述她办理过的刑事案件——女孩被强暴，小朋友被拐卖等，而且都还很“真实、刺激”。对于当时的我来说，并没有能力捕捉到所有信息并判断它们是否正确。

我记得妈妈在她的第一本新书《因为女孩，更要补上这一课》的序言有句话：“作为一名检察官和一位妈妈，育儿过程中有关性教育的话题肯定少不了，我自己也踩过不少坑，同时，也吸取了不少经验教训。”

妈妈没有说假话，因为我就是那个掉在 “坑”里的女儿，妈妈也是在“可怜的我”身上汲取的经验教训。小学三年级暑假，我写了下面这样一篇日记，也算是检察官妈妈教育的“成果”之一吧。

妈妈让我去扔垃圾，我想：“万一下面有一个卖小孩的怎么办？或者更cǎn，被wā掉眼睛，被放进一个麻袋里丢进河里yān死。那些小孩都是因为自己出门而yù难的，我可不要像他们一样。”我看到lóu梯旁有好多垃圾，suí手一扔就走了。虽然很不好，但是我活着回来就很好了。

那时的我认为，身为女孩子就是不安全的，小孩子一个人出门是会被拐卖的。从那时起，我对这个现实世界的防备心便会比同龄人多出一分。或许就是因为多出的这一分防备，而避免了伤害，但也因为对外部世界保持着高度的警惕，某种意义上来说也缺失了一些对这个世界美好的向往。

不过好在我妈妈也是一位很会补坑的检察官，她曾自嘲是“补坑专家”，也幸亏妈妈后来成为“专家”，把我从“坑”里捞出来了。

在后来青春期的成长过程中，不同于平常家长日益增长的焦虑，妈妈更多的是跟我讲述这个世界所存在的美好，不断告诉我这世界并没有我想象的那么危险，试图唤起我对这个世界的憧憬。

她跟我说，这世界上不是每个人都是坏人，也是有很多好人存在的。在女孩十几岁的年龄，妈妈不可能永远在身边，假如遇到一些危险，女孩更应该学习如何辨别和做出正确判断，也就是要培养自己的自我保护能力。

随着我所经历和所知的事情越来越多，开始重新思考妈妈的教育，我也开始张开双臂，主动拥抱世界的美好。

如今我已经成长为一名大学生，在离家一千多公里的地方上学，妈妈也很放心。我可以自信地说，通过成长我具备了自我保护能力。

妈妈的“挖坑补坑”教育，路途坎坷，并不是我说得那么顺利，不过好在最终让我长出一双坚实的“翅膀”，能正确判断危险，拥有自我保护的勇气和能力。我可以自信地说，针对不同的情况，我可以做到明辨是非，不人云亦云，拥有自己的判断力。

这套书的内容是妈妈在教育我的过程中不断反思、不断完善从而提炼出来的，理所当然，我也成了这套书的第一位读者。书中的内容并不完全等同于我妈对我的教育，但她所想表达的内涵却是一致的。

从我的角度来说，妈妈教给我的知识是终身都可以受用的，也有点羡慕可以阅读到这套书的女孩们，这是检察官妈妈成为“补坑专家”之后的经验总结，你们可以通过阅读直接“避坑”了。

我相信这套书会帮助到更多即将进入或正处于青春期的女孩们，帮助大家学会在面对危险时有效保护自己，锻炼出属于自己的内在自我保护能力。

敖俪穆

2024 年 5 月 18 日